U0919971

欲望动力心理学书系

21世纪经典原创理论推荐与精选

欲望的世界

欲望与行为心理学

欲望驱动下的人类行为定律

张振学／著

zhang zhenxue

中国商业出版社

图书在版编目（CIP）数据

欲望的世界．Ⅳ，欲望与行为心理学／张振学著．-- 北京：中国商业出版社，2016.12

（欲望动力心理学书系）

ISBN 978-7-5044-9678-2

Ⅰ．①欲…　Ⅱ．①张…　Ⅲ．①欲望　Ⅳ．① B848.4

中国版本图书馆 CIP 数据核字（2017）第 015018 号

责任编辑：朱丽丽

中国商业出版社出版发行

010-63180647　www.c-cbook.com

（100053 北京广安门内报国寺 1 号）

新华书店经销

北京洲际印刷有限公司印刷

*

710×1000 毫米　16 开　14.75 印张　190 千字

2017 年 5 月第 1 版　2017 年 5 月第 1 次印刷

定价：39.80 元

＊＊＊＊

（如有印装质量问题可更换）

致 谢

一直以来，我们似乎都被一个共性的问题所困扰：快乐与烦恼总是频繁交替地出现在我们的生活中，几乎每一天都在搅扰着我们的心灵难得安宁。小时候，我们哭着哭着就笑了；长大后，我们笑着笑着就哭了。那么请问，有谁知道我们的心情为什么总是处于如此这般的波动起伏之中呢？我们的心灵天空为什么总是一会阴一会晴呢？

后来，再后来，我终于找到了问题的根源所在，那就是，我们每个人自打出生之日起，便都不可避免地坠入了欲望的世界里。巡睃着眼花缭乱的人间万象，我们心神摇荡，迷离惝恍，不知所从。无论我们怎样努力，似乎也摆脱不掉欲望之魔的蛊惑与纠缠。我们因此而惊惶失措地意识到，如果不能解决好欲望问题，如果不能把欲望解释清楚，我们将永无解脱之日，永无释怀之时。于是，为了寻求人生的解脱与心灵的安宁，我开始把关注的目光转向了欲望的世界，并将它作为专门的课题进行了长期的探索和研究。

然而随着研究的不断深入，我发现人类欲望问题几乎与宇宙中的一切事物和所有问题都交织在一起，很难给出一个明确的边界。为此，我陆续阅读了古今中外大量的哲学、心理学、物理学、认知神经科学等经典著作，从柏拉图、亚里士多德、笛卡尔、斯宾诺莎、康德、黑格尔、弗洛伊德，到牛顿、爱因斯坦、普朗克、麦克斯韦、薛定谔、德布罗意，再到达尔文、巴甫洛夫、詹姆斯、马斯洛、皮亚杰，等等，正是他们思想的璀璨光辉，将我心中的宇宙照亮，将人类欲望的世界照亮，并使我有条件援引和借鉴他们优秀的理论成果作为阐述本书系观点的强大支撑。我为此要特别感谢历史上这些学术巨人们的慷慨赐惠。我对他们充满了无限敬意!

而当今时代更是一个群英荟萃、大师辈出的时代!全世界各地的科学家以异乎寻常的力量，不断推出一个又一个惊人的发现，使现代基础科学的天空不断放射出奇光异彩，使人类的世界观不断发生巨大的改变!人类主客观两个世界在现代物理学所建构的统一理论模型中有可能正在合并为一个特殊的奇点，一旦将这个奇点揭秘出来，整个世界都将为之震撼!人类对于世界的解释可能由此发生一场天翻地覆的革命。新时代科学巨匠们的惊世发现和优秀理论成果，更为我研究欲望问题增添了新鲜的活力，提供了诸多非常直接的有益启示，我在此向这些伟大的科学家们表达深深的敬仰和谢意!

同时，我还要感谢本书系的文字校对、内文排版、封面设计等工作人员的辛勤努力，他们连续加班加点地工作，大大加快了本书系出版的进程，我对他们的热心和勤奋充满了感动。

我也要感谢一位未满 16 岁的绘画少女。她用她天才的绘画技能帮助我完成了内文中几幅人物漫画插图的绘制工作。

最后，我更要衷心感谢出版社的编辑们。他们为本书系的出版做了大量辛苦的审读工作，并提出了很多宝贵建议，使得本书系能够以如此精美的面貌呈现在读者面前。

正是得益于如此众多人的福赐与成全，才使得本书系的创作过程成为一种令人激动而愉悦的经历。我对所有支持我的人深表感激，当然也包括所有阅读本书系的读者。

作　者
2017 年 4 月于北京

目 录
Contents

对于欲望的分类，不同的人以其不同的经历和见识，以其不同的观察视角和研究视角，会提出不同的分类标准和分类方法。

前言：一本解释世界并改变自我的书

本书系将欲望作为具有开端意义的学科门类进行研究，并以物理学为依托，以生理学为基础，以心理学为导向，以认知神经科学为介质，以欲望作为人类主观世界的第一推动力，借助欲望层次理论和自我质能结构理论模型，构筑了一个规模宏大、经纬万端、独出机杼的理论体系，藉此演绎并绘制了人类精神宇宙的巨幅画卷。从此，人类主观世界的大门在欲望力所指引的方向上被一脚踹开，虽是庭院深深，红尘滚滚，却是三观尽显，一览无余！

同时，我们借助主观世界不断闪烁的幽微的光芒，一路走去，甚至还惊异地发现了主客观两个世界所存在的奇点性契合与叠加，进而别具只眼地领略到了客观物质世界的发生与发展的神奇风貌和诡异踪迹。

欲望动力心理学是为了让人们更好地了解人类欲望与生理机能之间的关系、人类欲望对精神宇宙的形成和发展所具有的特殊驱动作用、人类欲望与心理的本质以及由此产生的行为与表现，从而更理性地把握自身言行、更准确地解读他人动机，并藉此恰到好处地处理社会关系和引导人类文明未来走向的一门新兴科学。

人类的所思所言，所作所为，无一不源于自身欲望的诱使和驱动，人类社会的一切现行状态、一切人文成果和客观面貌无一不掩映着欲望碾轧的辙痕，无一不是内心的欲望在外部世界绽开的魔幻之花。这是对于人类整体而言的。对于人类个体而言，也莫不如是。

任何人的所思所想，所言所行，无不串掇着无形的欲望的丝线，无不是自身内在欲望的展露与体现。表面上的成功或失败，平凡或卓越，顺利或坎坷，平安或灾难，吉凶或福祸，等等，无一不是源于内心欲望的蛊惑、诱使、感召和驱动而造成的一种客观现状和自我感受。

社会要求每个人都要把握好自己的言行，规范好自己的言行，其实从根本上说就是要求人们把握好和规范好自己的欲望以及对欲望的表达方式与表现分寸，从而更好地适应社会，适应自然，适应各种不断变化着的生存环境。

同理，如何把握好或规范好别人的言行，其实也是如何把握好和规范好别人的欲望的问题。特别是作为各行业、各领域的领导者或管理者而言，不但要善于把握好自己的欲望坐标，也要善于把握好别人的欲望曲线，从而才能更好地实现有效领导和科学管理。

欲望动力心理学不但能帮助你实现梦寐以求的夙愿和理想，让你的人生获得可期待的幸福和满足，而且还能有效地帮助你避开“欲壑难填、利欲熏心”的罪恶的渊薮；不但让你更全面和更深刻地认识和改造外部客观世界和人类主观世界，而且也能让你更准确和更现实地认识自己、改造自己、完善自己和提升自己；不但让你更有分寸地把握欲望底线，让欲望之手成为推动自己前进的动力，绝不让欲望的无底洞成为蛊惑自己抬脚踏空的人生陷阱，而且也可以让你在为人处世、职场交际、商场运营、员工管理、社会治安以及化解各类社会矛盾纠纷等过程中更好地揣摩和洞察别人的欲望脉搏，让欲望之衡成为丈量别人品德与意志的尺度，让欲望之力成为引导和激发别人产生特定行动的精神号角。

可以说，欲望动力心理学就像一剂良药，既能养生又能健体，既能治病又能防疾，不但可以使自己的人生功德圆满，而且也可以对别人的七情六欲洞幽烛微，并施以恰当的指教、规范、训诲与管理。

当然，研究欲望动力心理学的功用还远不止于此。按照法国哲学家德勒兹与精神分析学家伽塔利的观点，欲望者同时还是一台创造和生产世界人文万物的“机器”，在西方被广泛描述为“欲望机器”，即在宇宙系统与社会伦理关系中，有一种普遍存在的对偶或对称关系。此即对立者或对应者的永恒轮回，永恒重复。它是因主体向往获得某物或达到某种目的而自行运转、产生能量、并经由零件与要素组成的一种特殊装置。

我认为这台特殊装置不但可以将客观世界映照、投射、拼接、组合、演绎为主观世界，而且也能将主观世界辐射、描摹、仿造、复制、落实为客观世界。正像人类看到飞鸟便会产生飞的想法，而后便能制造出飞机；看到美的景观便会产生美的蓝图，而后便能创造出丹青；看到野兽奔跑便会产生追赶的念头，而后便能制造出汽车；看到好的人物便会产生爱的欲望，而后便能施与爱的情感，如此等等，皆可理解为欲望机器在工作，在运转，在生产，在创造。通过这台机器，客观的现实似乎都可以变幻为主观的梦想，而主观的梦想似乎也都可以演变为客观的现实。

欲望作为一种“对缺乏者的抱憾”，蕴藉了愿望、想往、要求、欲求、物欲、性欲、肉欲等所想要的东西，与此同时排斥其反义领域的诸如疼痛、苦闷、轻蔑、冷漠、惰性、恐慌、忧虑、厌恶、不安、无视等不想要的东西。机器作为一种创造工具或研发器械，也涵盖了具有机械装置或类似器械装置的诸如工具、器物、火车头、计算机、机器人、动物机体、身体器官、机构、机关、文学创作、绘画作品、雕刻作品、影视作品，以及人、东西、地球、宇宙、基本粒子等可以实现人类意图的一切事物。“欲望机器”把技术、技艺、力量、观念、理想、精神、计算、缝纫、打印、复制、传输、虚拟处理、翻译、战争、航海、交通、舞台、人、动物、政治、社会、经济、艺术、世界等统统融入其中，并试图像变戏法一样将这些东西一一研发和制造出来。

这就是说，人类的一切文明成果和不文明成果，无一不是欲望生产和制造出来的，这也许就是“欲望机器”之概念被提出来的重要意义。

因此，研究欲望动力心理学不仅可以造福于个人，也可以造福于社会，不仅可以解读内在的主观世界，也可以解读外在的客观世界，不仅可以解读自然景观的形成之妙，还可以解读人文景观的形成原理。

就简单的社会个体意义而言，人在自我认识与自我保护方面（内部力量）要寻求最大限度的满足，有赖于得到他者力量（外部力量）的呼应、支持与配合，也正是在内部力量与外部力量的相互合作、竞争、交融的共同作用下，作为人的自我才能不断成就自身、满足欲求、净化心灵、提高素质，从而达到改善环境、美化生活、实现幸福的目的。

欲望在帮助你成功把握前进方向的同时，还能帮助你有效地洞穿和驾驭他人的欲望，使他人的欲望目标与自己的欲望相契合，然后借势而动，借力而行，轻松而高效地达成自己的目标。这一点，对于领导者来说尤其重要，它同时还是一种有效管理下属、带动下属和激发下属工作积极性的高明的管理手段。

欲望如火。生活中我们知道，只有用适当的火苗才能为自己烹食煮饭，保暖护身；火苗太大，不但可能会烧着自己，也可能会烧着别人；而别人的欲望之火太大，在烧着他自己的同时，也要小心烧着你、烧着其他人。所以，欲望之于人、之于社会都是一种不可小觑和利害攸关的事件。

同时，我们还会认识到，人们的一切活动都是为了寻求欲望的满足，为其喜，为其忧，为其忙，为其休，人生的每一种感受，比如喜怒哀乐忧思惧等等，都是由欲望决定并创生的。欲望就是串连人生一切心理和行为的不可见的细线。印度20世纪哲学家、心灵导师克里希那穆提也曾说过：“对欲望不理解，人就永远不能从桎梏和恐惧中解脱出来。如果你摧毁了你的欲望，可能你也摧毁了你的生活。如果你扭曲它，压制它，你摧毁的可能是非凡之美。”

欲望并非人类所特有，一切生物都不同程度地具有诸如生命欲、生长欲、生存欲、生理欲等不同的欲望表现形式，特别是动物，同人类一样也具有食欲、性欲、安全欲、自由欲以及与生存群体或地域环境等相关的情感欲或归属欲。人类是高级动物，不仅智力发育的水平高，改造自然的能力强，谋求生存的本领大，而且欲望水平和敏感度也比其他一切生物或动物都要高级很多,无论在欲望的数量上还是在欲望的质量上、层次上，人类的欲望都是其他生物或动物所无可比拟的。

具体来说，欲望动力心理学所研究的内容，不但包括人作为动物的本能需求及其反应，还包括人作为社会成员的物质需求和精神需求及其反应。

关于这一点，马斯洛的需求层次论已做了较为详细的论述。这使欲望动力心理学兼具了生物学和社会学的性质。同时，欲望动力心理学所研究的是关于欲望形成的心路历程，即人从欲望发起至产生动作行为的整个心理活动和满足过程，这使欲望动力心理学与行为动机理论有了交集的内涵。欲望有着相当强的自利性，欲望的过度贪婪必然要冒犯到道德和法律的界限，因而欲望动力心理学又与道德学、法制学和管理学牵扯到一起。

再详细点说，欲望动力心理学既要研究人的生存、繁衍的本性，又要研究人的性格、意志、思维、意识、爱好、情感、理性、信仰、精神、品质等特性，以及由此而形成的人生观、世界观、价值观，还要研究人与人之间的关系，人与社会、团体、组织之间的关系，研究人因欲望而形成的善恶念头及行为准则，研究人因欲望而对社会产生的积极作用和消极作用，研究人看得见摸得着的显性的物质需求，研究人看不见摸不着的隐性的精神需求。

同时，欲望与需求两者既有联系又有本质上的差别。

①欲望诞生于需求与要求的裂缝中。拉康曾经指出 :“在有关欲望方面，我们觉得不可归结为要求的理由，也同样使它不等同于需求。”拉康将欲望、要求、需求区分开来，认为需求是指人机体的需要，隶属于生理学的范畴；要求是指对爱的要求，它涉及的是一种人际互动；而欲望则是诞生于需求和要求的裂缝中，“在要求和需求分离的边缘中欲望开始形成”。

②欲望“内核于需求而存在”，需求“外缘于欲望而产生”。欲望

是产生需求的根本动因，需求是欲望产生之后的递进反应；就是说，先有欲望然后才有需求。对人类自身来说，需求的本质是欲望，欲望的本质是人性，人性的本质是生理，生理的本质是生命。

应该说，欲望动力心理学是一门横跨哲学、生物学、生理学、人类学、医学、解剖学、脑科学、认知神经科学、社会学、道德学、政治学、经济学、行为学、法制学、犯罪学、精神现象学、宗教学等多学科的人学，是对人性深层最本质的透视学。

它的研究对象是人，核心内容是研究人的生理功能及其产生的意志反应，并将人的肉体和精神辩证统一，以物质性的肉体生理为基础，藉此推导出人的心理、情绪、情感、意识、理性、思想和精神等形成的轨迹和管道。它面向个体和世界，反思自我并提升自身，管理别人并规范自己。它关注人的心灵世界，追寻生命的意义，并为个体找到最合适的存在方式，为群体找到最合适的相处方式。它是研究关于人对于欲望追求的本质、行为、现象及其产生、运动、发展、变化规律的新兴科学。

因而，欲望动力心理学对人生、对社会、对整个人类文明都有着极其广泛、深刻的指导作用。

欲望是来自于人类的精神世界还是来自于人类的物质世界？这个问题似乎也有着许多令人困惑的模糊边界。因为人类除了与生理有关的欲望之外，还有许多心理欲望或精神欲望。心理的东西或精神的东西一直以它与物质世界相对应的姿态二元于人类的观念中，并成为哲学家们争论不休的永恒话题。

随着科学的高速发展，人类对物质世界各种规律的认识已日臻清晰，而对于精神世界的认识却依然踯躅不前。有关于欲望、心理、心灵、情绪、意识、灵魂、观念等精神内容一直散发着诱人的魅力，并吸引着无数哲人志士为此苦思冥想，上下求索。但遗憾的是，人们对这个神秘王国的上层建筑和物质基础，似乎始终不得要领，不得路径而登堂入室，一睹芳容，只能凭借自身有限的表征、以及与其他动物的类比或自造的仪器介质以自证或他证的方式而猜想臆度，于是在大量的关于人类心理世界和精神世界及其来源的讨论中，正确与谬误常常混杂在一起，令人眼花缭乱，不知所宗。

作为人类精神的载体，人心到底什么样，没有人能够探进头去看个究竟，甚至在很长一段时间里，包括中国人在内的很多文明都把“心脏”作为灵魂、心灵、意识“中枢”所在，主宰着人的精神世界。直到笛卡尔的出现，才找到了心灵的真正居所——大脑。笛卡尔认为大脑才是人类心灵起源或发动的中枢。从此，人类洞察心理问题和精神问题的视角开始向“神经问题”的物质层面转身。

在西方哲学史上被公认为第一位哲学家的泰利斯首先提出了“什么是世界本原”的问题，并试图借助经验观察和理性思维来解释世界。亚里士多德认为，“所有的人都主张，研究最初原因和本原才可称为智慧”“智慧是关于某些本原和原因的科学”。[1] 我同样也坚定地认为，任何一种学说，都需要有一个开端。“一个哲学的本原，当然也表现了一种开端，但并非主观的，而是客观的，即一切事物的开端”“但是，关于开端问题，近代的仓皇失措，则由于另外一种需要而来，有些人不认识这种需要，他们独断地以为这是有关本原的证明”“开端是逻辑的，因为它应当是在自由地、自为地有的思维原素中，在纯粹的知中造成的。于是开端又是间接的，因为纯知是意识的最后的、绝对的真理”。（以上三段话均引自黑格尔《逻辑学》第一篇，有论。）

我们在这里不但要厘清欲望动力心理学的开端，而且还要找到欲望本身的开端，更要通过欲望找到人类心理世界或精神世界的开端，包括智能、知识、意识、思想、情感、智慧、理性、信仰、心灵、灵感、灵魂等起源问题和本原问题，这类问题可以统统称作端问题，而将这些端问题作为研究对象的学问，我们可以称之为端学。端学是研究事物本原或终结的科学，甚至可以不限于精神世界，也包括物质世界的本原问题

1　亚里士多德《形而上学》，中国人民大学出版社，2003年12月第一版，第一卷3-4页。

和终结问题。那么，我在这里所要讨论的欲望动力心理学便是端学研究的正式开端。而欲望则是人们研究一切学科和一切问题的开端。

哲学家尼采在论及欲望时曾遇到了无法突破的思维瓶颈，他认为欲望乃一人之本能与目的之结合，其功利性勿能视，不可见，因此得出了“欲望之论难以尽善人意”的结论。

而本书系试图破解尼采的认识瓶颈，利用理论与现象互证、抽象与形象互补，从多个角度揭开了人类欲望迷离的面纱，洞穿了其深邃的本质特征和诸多表现形式，破解了在欲望驱动下徐徐展开的人类主观精神世界的整体风貌，力图使读者在阅读本书系之后，能对人生产生深刻的感悟和启示，能给自己的欲望在“清心寡欲”和“欲壑难填”之间找到一种最佳的生存位置和自处坐标，并在生活、学习、工作、处世以及改造自我、改造社会、改造自然等实践中获得有益的帮助。

另外，特别值得一提的是，本书系最初冠名为《欲望学》，后来考虑到其中大部分内容属于心理学范畴，遂更名为《欲望心理学》，而这个书名经查证发现被一位美国学者用过了，尽管与我的创作意图和基本观点没有本质的联系，但我还是决定避让一下书名的雷同关系，于是定名为《欲望动力心理学》。

后来随着研究的深入，逐渐发现本书系所阐述的内容与哲学、物理学、宇宙学等学科竟然也存在着特殊的渊源关系，遂以“欲望动力心理学书系”作为总冠名，以“欲望的世界”来界定本书系所涵盖的基本内核，然后再向下细分为若干个专题，每个专题即以一个单行本出版。

我最初的计划是推出八个专题，分别为《欲望与认知心理学》《欲望与意识心理学》《欲望与精神心理学》《欲望与人格心理学》《欲望与行为心理学》《欲望与场域心理学》《欲望与舒适心理学》《欲望与情绪心理学》。

除此之外，我甚至还设想以上述八个专题为基础，进一步创作并出版《欲望与政治心理学》《欲望与经济心理学》《欲望与文化心理学》《欲望与道德心理学》《欲望与法制心理学》《欲望与犯罪心理学》等多部作品。但由于时间所限，未能如愿。

全书系写到 2016 年的时候，前五本便基本完成了，后面三个专题由于时间关系，仅仅写出了主要观点，未能展开铺陈，不免有些遗憾，但我自觉确实有些倦了，便临时决定把欲望与舒适、欲望与情绪这两个专题全部合并到欲望与场域心理学之中，因为欲望与舒适、欲望与情绪问题虽然未能展开论述和独立成书，但细究起来，它们皆在我创设的欲望场理论的统摄范围之内，也是完全可以自圆其说的，更何况这样安排也并不妨碍这两大课题可以自成体系的特点。

这样，我的《欲望动力心理学书系——欲望的世界》至此算是正式完成了，八个专题合成六本书出版，共计一百多万字，也算是一个不小的工程。如果将来兴致再起，或许有机会可以对后面的诸多专题深研细究，展开论述，以补遗憾，也是可能的。

这里还需要特别说明的是，本书系缘起于现代量子物理学对于哲学和心理学产生的巨大影响，特别是近年来出现的一些惊人的理论成果，更给作者带来了强烈的思想震撼。本书系借用美国著名粒子物理学家和诺贝尔物理学奖得主利昂 · 莱德曼在《上帝粒子》一书中提出的“上帝粒子”概念，试图借助量子物理学最前沿而奇妙的理论模型，为现代哲学和心理学寻找一种更独特而有趣的逻辑推演方法和证明路径。所以，本书系在探索世界本原问题上，以《圣经 · 创世纪》中上帝的概念开始说起，最后落实到莱德曼所提出的著名的“上帝粒子”的概念，整个讨论过程富有缜密而生动的逻辑推演机趣。我们高兴地看到，为了回答亚里士多德时期既已提出的关于“宇宙第一推动力”的千古疑问，量子物理学家们以其高妙的证明手段，正在逐层剥去套在人们心灵中的宗教外衣和神话色彩，进而为人们确立科学的世界观提供最基本的理论依据。

我在本书系中对于人类欲望的分析和阐述，借鉴了经典物理学和量子物理学大量的研究成果和成熟的理论范式，以独成体系的论证方法，对宇宙演化、物质结构、生命起源、大脑认知等事关人类终极之问的基本问题提供了别开生面的观照视角，开创了一个全新的用以解读人类欲望心理、行为动机、人格品质、自我意识和精神宇宙的理论模型，试图对人类各种心理现象和行为动机做出更精准的数学解释。

鉴于我对于经典物理学特别是量子物理学的理论造诣和理解深度所限，在逻辑架构上和观点阐释上难免存在一些浅见、偏颇、甚至谬误之处，敬请各界专家学者提出宝贵意见，以利本书系在进一步修订和再版时参考和借鉴。

作　者

2017 年 4 月于北京

第一章　欲望是预设了缺陷的逻辑
——欲望产生的哲学基础

欲望是人类产生一切活动的根本动力，也是人类文明产生的不竭源泉。可想而知，一个没有欲望的人必然形同僵尸，毫无生机；一个没有欲望的社会必然寂如死水，了无波澜。但时至今日，人们对于欲望的认识就像对自身思维的认识一样仍然模糊不清，以致始终不能使自己摆脱"既是观察者又是被观察者"的认知怪圈。

自古及今，似乎人人都感知到了欲望的存在，但人人又都无法将欲望穷原竟委，勘破真容。尽管很多生理学家、心理学家、精神分析学家、哲学家和思想家都曾对欲望进行过不同层次和不同视角的探讨和争论，但每一种阐述，不是浮皮潦草，含糊其辞，便是艰涩难懂，语焉不详。

有鉴于此，我在总结前人研究成果的基础上，通过对欲望的深入思索，对欲望的概念及其产生的机理进行了系统性的归纳、剖析和解读，或许可以匡正人们对欲望的认识偏差和引导人们找到更加理性化的思考路径和科学的理论模型。

一、欲望是从哪里来的

首先，我们要解决的第一个问题是：欲望是从哪里来的？对这个问题寻根溯源，有助于让我们从一开始便可以抓住问题的根本，从而顺理成章地解决欲望的源与流问题。在古中国，人们很早就对欲望有了最基本的认知。比如繁体汉字“慾”，从“谷”，从“欠”，从“心”，从造字法上看是一个会意字。谷者为食，生命之必需；当这种必需之物发生欠缺，人的生理就会产生需求反应，这种需求反应产生的底层原因就是欲望。

同时，我们还可以从中国汉字的多义性上对“谷”字作另外一种解释，即“两山之间或两高地之间的狭长洼陷地带”，如“万丈深谷”“谷无以盈将恐竭”[1]，这与古代中国人把欲望比成“沟壑”完全是一个意思。“沟壑”就是相对于地平面的洼陷或欠缺，说“欲壑难填”就是对洼陷或欠缺给予填平和给予满足之难的意思。洼陷或欠缺其实质也含有“无”的意思。原本无欠缺，无欲望，后来出现了欠缺并发生了欠缺之事件，在所欠与填充物的呼应关系中便产生了欲望。

这显然是一个“无中生有，有无相生”的过程。中国老子在《道德经》中，把这种“无中生有”的欲望叫作“道”，称它是“天地之始，万物之母”，是主宰人类一切活动的本源。

世间一切都是从“无”开始的。老子第一个“无”字出现在“无名天地之始”[2]一句，借此我们可以这样说，老子其实就是从人性中最根本的“欲望”问题开始论道的。他认为，“无”可以说是天地之始，天地就是从“无”中生出来的，“常无，欲以观其妙”，即是说，在经常表现为没有的地方、欠缺的地方、“无”的地方，欲望就出来了，就可以认识“从无到有”的“道”的微妙之所在了。

所以，老子认为，“有无相生”“有生于无”“常无，欲可名于小；万物归焉而不为主，可名为大”。欲望动力心理学的解释为：“对于经常出现的无（即欠缺），欲望可以把它称之为渺小；待到万物把这个“无”变成了“有”，即把欠缺填满，且并不把它当作主宰一切的东西，就可以称之为伟大了。”

正是老子的《道德经》首开中国道家学说之先河，“有物混成，先天地生。寂兮寥兮，独立而不改，周行而不殆，可以为天下母。吾不知其名，字之曰道”，对此我们可以这样理解：有形者成法，无形者成道，即有

1 《老子新释》上海古籍出版社，1985.5. 第二版 145 页。

2 《老子新释》上海古籍出版社，1985.5. 第二版 62 页。

形者运动的规律或规则，则形成法；无形者运动的规律或规则，则形成道。欲望本身是个无形的东西，欲望在追求满足过程中或实现满足后便变成了有形的东西。“有”（即有形的东西）在运动，在发展，在生生灭灭，“无”（即无形的东西）也在运动，在发展，在生生灭灭。这是两个“实”与“虚”、“满”与“空”、“有”与“无”完全相对相应、互依互存、互生互灭的世界。

《管子·内业》说：“凡道无根无基，无叶无荣，万物以生，万物以成，命之曰道。”

《庄子·大宗师》说：“夫道，有情有信，无为无形，可传不可受，可得不可见，自本自根，未有天地，自古以固存，神鬼神帝，生天生地，在太师之先而不为高，在六极之下而不为深，先天地生而不为久，长于上古而不为老。”从这里可以看出，对于整个宇宙来说，道，就是由无到有、由有变无、有无相生的运行逻辑和规律；对于人类社会来说，道，就是人的欲望发生、发展、亏盈、变化和运行的逻辑和规律。

世界上几乎所有的科学家都在研究和揭示“有”的运行规律，却极少有人研究和揭示“无”的运行规律，只有中国的老子才是研究和揭示“无”的运行规律的开山鼻祖。可以说，老子的“道”向人们揭示了“无”的运行规律，并通过“无”的运行规律而反观“有”的运行规律，因为“无可生有”，“有无相生”，所以“道”在主宰着“无”的过程中，由其产生的“有”也会“惟道是从”[1]，“道生一，一生二，二生三，三生万物”。无形的欲望在其生生灭灭的过程中充分反映出了“道”的运行规律，换句话说，“道”所揭示的内容恰恰就是欲望所推动的主客观世界变化原理，欲望就运行于“有无相生”的“道”的原理之中。

上文已经说过，欲望是从“欠缺”中产生的，理所当然地也可以理解为从“无”中产生的。这与拉康等人关于欲望产生的“欠缺说”具有不谋而合的意味。

无可生有，有无相生。欲望的概念即可对此做出一种“道”之理念的诠释。当出现了“无”这个欠缺者的客观信号刺激之后，相应地，在

1　《老子新释》上海古籍出版社，1985.5. 第二版。

人的意念中便启示着“有”这个可用来填充欠缺的对象的呈现。既为欠缺，就必然是一种不利于己的东西。

比如疼痛的、饥饿的、寒冷的、炎热的、拘囿的、苦恼的、厌恶的、悲伤的、愤怒的、恐惧的，而不会是舒适的、温饱的、自由的、愉快的、可心的、安宁的、幸福的。

有鉴于此，在人的意识中对这个不利于己的欠缺必然会产生躲避、拒绝、排斥和“不要”的原始冲动反应，而后由“不要”的冲动反应，相应产生了对填满这个欠缺所必需之对象的“想要”的冲动反应，这种冲动的指向正好跟上述的冲动相反，是对“不要”的“无”的欠缺给予填满的“想要”的“有”的期待方向，欲望的雏形或萌芽便在此形成了（很显然，“不要”和“想要”是两个相对相反的概念，比如“不要”被捆缚，相对就是“想要”自由，而不会是别的东西；“不要”缺水干渴，相对的就是“想要”饮水解渴，而不会是别的东西）。

无与有之间就在这个过程中不断演绎着，在匮欠与填充物之间不断飞踅着无形的欲望的翅膀。

“无”的客观存在即是缺欠的客观存在，欠缺在刺激了人的感觉神经之后，实现了客观到主观的飞跃，并在主观层面上由“不要”欠缺的冲动，导引和激发出“想要”填充对象的反应，从而实现了对“想要”的客观的“有”的对象的链接和演进。欲望之花到这时就已经完全生长并绽放开来了。

从本质上讲，“不要”与“想要”一样，都是欲望的反映形式。前者是“不欲之欲”，是欲望的负向形式，称之为负欲望，负欲望发端于人体之中，即匮欠总表现在人体内部；后者是“所欲之欲”，是欲望的正向形式，称之为正欲望。正欲望发现于人体之外，即填补匮欠的目标总是在人体外部。

与体外特定目标物相联系的正欲望必产生于与体内匮欠相联系的负欲望之后，并以负欲望为源泉，为前提，为条件，为根本。因为“不要”是匮欠造成的第一层直接体验性认知，而“所要”则是第二层次的对填补匮欠的目标性认知。

所以，正欲望的实质是来自于负欲望的驱动。或者说，负欲望起到驱动作用，正欲望起到拉动作用。我们通常所说的欲望，则是负欲望与正欲望的混合体，这也是对欲望的探究经常使人处于模糊境地的原因之一。

二、欲望产生和发展的十个关键期

欲望产生的逻辑属于神经逐渐感知和认定的过程，是由无名变有名、由无意识变有意识、由潜意识变显意识、由客观变主观、由物质变精神的过程。我在这里将欲望产生和发展的时间顺序分为十个时期进行讨论。

（1）欲望无因期。没有因便没有果。任何欲望都有一个从无到有的发生发展过程。欲望产生之前的时期我们称之为欲望无因期，即没有欲望产生的因由、因素或原因。这个时期也是“无”的时期。在此一时期，一切都处在无名、无言、无欲、无求、无意识的原始的朴素的混沌状态。

（2）欲望有因期。当出现了某种匮欠事件，不论是食物匮欠，还是性对象的匮欠，或者是必备的保证安全的条件匮欠，等等，都是导致欲望产生的因性事件。这个时期我们称之为欲望有因期，即有了欲望产生的因由、因素或原因，这个时期也是“有”的时期。

但此期的“有”，仅仅是有了欲望之因，而并没有产生欲望，即在欲望上还谈不上“有”。这个时期虽然出现了匮欠事件，但匮欠事件本身很微弱仍然处于无名、无言、无意识的状态。因为此期这个匮欠尚未在人的头脑中产生明确的刺激性反应，尚未真正进入人的意识层面中来。

（3）欲望觉察期。有因期中发生的匮欠事件，是一种纯客观的事件，这一事件经由人的感觉神经所捕获和感知，而进入人的主观层面，这个主观层面是由人的感觉、注意、记忆、表象、联想、想象、思维等构成的。但在初始阶段，首先是感觉捕捉到了匮欠事件的信号，产生了对匮欠事件的初级认定。这个时期我们称之为欲望觉察期，即对匮欠事件有了觉察和认知。

此期虽然客观匮欠事件进入了主观意识层面，也仅仅是对匮欠事件的感知性认定，仅仅是对所缺的“空”的部分有了感觉，但还没有对弥补所缺的“空”的部分的填充物——即所缺的对象做出认定，这后一个认定过程是通过思维、想象、判断、推理的逻辑过程完成的。对匮欠之填充物这个对象来说，也经历了从无到有的发生发展过程。因此这个时期还不能说产生了欲望。

即是说，匮欠本身不是欲望，对匮欠的生理反应或心理反应也不是欲望（这种生理反应或心理反应仅仅是一种不舒适的感觉或感受），而只有将匮欠与填充对象进行感应性链接、追寻、认定和期待，才能形成真正的欲望。因为欲望是有目标的，匮欠本身不是目标，填充匮欠的对象才是目标。在欲望觉察期，只有对匮欠事件的觉察，并没有对匮欠填充对象的觉察。这个时期也是客观世界向主观世界过度的前期。

（4）欲望不适期。出现匮欠事件不是一件好事，人在感觉上会首先产生不适或不安反应，即不要这种匮欠，抵触这种匮欠，拒绝这种匮欠，排斥这种匮欠，这个时期我们称之为欲望不适期。

这一时期，原来处于无名、无言的客观性匮欠信号刺激开始向有名、有言的主观意识反应转变，对匮欠中属于“空”的“无”的判断和认知，即为名之始、言之初、思之端。人的思维活动和意识活动正是在能名、能言的互动性表达的认知中产生的。这个时期的客观世界已经正式向主观世界转变了。因为对匮欠有了不适的抵触，其反作用力推动出来的便是匮欠的填充物——欲望目标，因此我们还可以把这个时期称之为是欲望萌动期。

（5）欲望生成期。当主体对匮欠有了不适、不安、不要、抵触、拒绝、排斥的反应之后，就必然会产生“要”的反应。那么，要什么呢？要的当然是匮欠的填充物——即欲望目标。只有在确认了欲望目标之后，欲望才算真正产生了。这个欲望目标被确认的时期我们称之为欲望生成期。这时对匮欠事件的感觉，已经上升到注意的认知层面，甚至还有可能会上升到知觉的认知层面，匮欠事件演变成有名有言的语言信息和具有一定意思表示的意识活动。此期在主观上开始对欲望目标以及与匮欠之间的关系，产生了注意、想象、判断、推理等简单的逻辑思维。这也是名既成、言既生、思既动的意识活动最活跃的时期。

（6）欲望成长期。在欲望生成以后，对满足欲望的方式、方法、途径、技能、风险及可能性等方面必然会产生更多的思考、推断、想象和注意，以寻求和达成满足欲望的条件。这个时期我们称之为欲望成长期。

（7）欲望成熟期。通过对各种欲望进行比较，对自己的欲望以及不同的人的欲望进行分析，其对欲望的认识层次越来越高了，选择的欲望目标和满足路径也越来越现实、理性和成熟了。欲望发展到这个时期，我们称之为欲望成熟期。

（8）欲望表达期。此期的欲望不仅仅潜伏和活跃于自己的意识中，同时也转化为语言、表情、行为，并尝试选择合适的方式，真正进入欲望的满足过程。内在的欲望变为外在的言行，是对欲望进行的展露和表达，主要体现在语言表达、表情表达和行为表达，我们可称之为欲望表达期。在欲望表达期中，欲望的主观形式开始向客观形式演变，是一个从主观到客观的转化过程。

（9）欲望满足期。人类通过自己的言行活动，不断追求欲望目标，努力填平某种匮欠，待到匮欠被填平或填满，欲望便实现了满足。这时欲望的主观也就变成了满足的客观，欲望的无形也就变成了目标的有形。这个时期我们称之为欲望满足期。

（10）欲望休眠期。一个欲望实现以后，意味着匮欠已经填平，已经消失，该欲望便不复存在，整个欲望链条至此实现了“从无到有，从有到无”和“从客观变主观，从主观变客观”的“道”的循环。一当重复出现新的匮欠，这个循环过程便又会重新开始。我们把欲望实现以后导致欲望消失的时期称之为欲望休眠期。正像一个人饥渴时食欲、饮欲正盛，而当获得食物和饮料并吃饱喝足之后，食欲和饮欲也就消失了，进入了食欲和饮欲的休眠期。等到再次出现饥渴，食欲和饮欲会继续产生，如此往复，有无相生，不断循环，以至无穷。

这十个时期也就是欲望产生和发展的整个逻辑过程。

欲望的产生遵循着“无中生有、有中生无”的“道”的规律。欲望在没有产生之前，本是一种“无”的状态。但是，当人的生理机能出现某种匮欠，这时，便出现了一种“无中生有，有无相生”的循环性事件。

客观存在的匮欠性事件，即是一种“有”，是有了匮欠事件的“有”，这个“有”是产生欲望的首因。有了这个“有”之后，便会紧接着出现“有中生无”的事件，即匮欠中所缺的填充物实为“无”，这个填充物不具备、不在场或暂时缺位，是无填充物的“无”，这个“无”是产生欲望的次因。在这个“无”的启示作用下，人通过主观意识活动，产生了对匮欠填充物这个目标对象的寻求、期待、想象、推断和认定，从而便又从“无中生有”的机制中产生了“有”，这个机制推动出来的便是能够用来填充匮欠的目标对象。这样，一种特定的欲望便真正诞生了。

三、欲望始终是预设了缺陷的逻辑

欲望始终是预设了缺陷的逻辑，欲望的归宿和消失是缺陷之得到填补。人类的意识活动是在欲望超越了本能之后的产物。

本能层面之下的欲望就像在土壤中萌发的种子，处于一种隐而不见的植物神经的控制之下。只有破土而出，才能进入意识的天空。植物人具备人体和头脑，但因其随意神经出现障碍，唯有植物神经在活动，以致无法产生超越植物神经层面的欲望形式，其被闭锁的躯体运动神经、感觉神经、中枢神经无法对客观事物产生感觉，无法将客观事物信息幻化成头脑中的影像和表象，因而也无法形成语言符号，无法产生意识活动。

关于“无”和“有”之间的关系，据说苏格拉底曾经与人展开过类似的讨论。

柏拉图的《理想国》第五卷在讨论知识与意见的关系时，其中有一段这样的记述：

苏格拉底向格劳孔提出了这个问题：“一个有知识的人，总是知道一点点呢？还是一无所知呢？”接着又问：“这个‘一点点’是‘有’还是‘无’？”

格劳孔回答说：“‘一点点’是‘有’，‘无’怎么可知呢？”

苏格拉底说：“我们都完全可以这样断言，完全有的东西是完全可知的；完全不能有的东西是完全不可知的。”

这里，苏格拉底把“有”和“无”看成了是两个完全相反或完全对立的东西。首先我们看，这里的“有”表示的是一种客观存在，而“无”表示的是“不存在”，但就“无”这件事本身却又是一种客观存在。

那么，接下来就出现了一个十分有趣的问题：“有”和“无”是怎样联系起来的呢?

苏格拉底用假设的方法说道：“假使有这样一种东西，它既是有又是无，那么这种东西能够介于全然有与全然无之间吗？”

究竟有没有这样一种东西呢?苏格拉底似乎找到了这个东西，他说：“不是有一种我们叫作‘意见’的东西吗？”

他把意见和知识分割开来，认为知识与“有”相关，知识的目的在于认识“有”的状况。如果“有”是知识的对象，那么意见的对象一定不是“有”，而是另外一种东西了。是什么东西呢?在苏格拉底看来，这个东西既不是“无”，也不是“有”，而是“知识和无知两者之间的东西”或者说“在知识和无知之间有一种被我们称之为意见的东西”。这个被称为“意见”的东西“游动于绝对存在和绝对不存在之间”。

对这个作为“意见”的东西，我认为是欲望的产物，是欲望匮欠对于填充物这一对象的意识性指向和倾向性表达。它是特定主体基于特定匮欠而朝向填充物目标进行联系的主观意识活动，亦即主观与客观相互联系的桥梁和纽带，也是欲望的一种表达形式之一。是在“残缺”的基础上产生的，以残缺的“无”为因、以填充物的“有”为果（目标）的有意识的欲望活动。

所以，欲望的产生、发展和满足过程就是人世间万事万物由无生有的过程，由“不要”变“所要”的过程，由心动变行动的过程，也是由行动满足心动和平复心动的过程。从这个过程中，我们可以看到，欲望就是客观的“无”与客观的“有”之间的主观衔接链条或纽带。任何一个有意识的主体与其他无意识的客体之间都存在着连通其间的主观精神，或者说是由“道”这种无形的东西充斥其间并产生联系的主观精神。

正是对“无”的感觉和认识，才产生了对“无”的“不要”的潜意识冲动，才有了为填平“无”的欠缺和满足“无”的欠缺而进行的对“有”的“所要”的需求、要求和追求。人生永远都在这种“无”与“有”中摇摆和循环。痛苦和幸福、快乐和悲伤也在这个过程中摇摆和循环。

人的欲望在“不要”与“所要”之间产生，或者说是在“无”和“有”之间产生。

由于存在“不要”的某种对象或某种状态，才会产生“所要”的另一弥补对象或获得相应改变的某种机制和办法。

中国《礼记》记载孔子的话说：“饮食男女，人之大欲存焉。”

对饮食的欲望可以引申为对物质的追求，子曰“富与贵，是人之所欲也”“贫与贱，是人之所恶也”[1]。

“所恶”者即是“不要”者，“所欲”者即是“所要”者。所以，欲望可以说是“不要”和“所要”的矛盾对立反应，或者说是“不要”的反作用产生的“所要”反应。

成语“穷则思变”说的也是“不要”穷，而“所要”变的欲望产生过程，在“穷”与“变”之间产生了“思”，即欲望驱动下的思维活动。

我们考证黑格尔对欲望的认识与我在这里所提出的观点似有异曲同工之妙和殊途同归之感。

黑格尔对欲望也做过类似于从“不要”到“所要”的过程及本质的讨论，他认为，欲望的满足以否定它的对象为内容：“确信对方的不存在，它肯定不存在本身就是对方的真理性，它消灭那独立存在的对象，因而给予自身以确信。”这种否定的前提则是对象的存在的独立性，“欲望和由欲望的满足而达到的自己本身的确信是以对象的存在为条件的”“为了要扬弃对方，必须有对方存在”[2]。

就是说，黑格尔的欲望说可以在哲学视角上佐证我所提出的欲望形成于“不要”和“所要”之间的观点，即欲望的产生必须有两个前提条件：一是必须有“不要”者的存在，此条件为先；二是必须有“所要”者的存在，此条件随后。两者缺一不可，缺少任何一方，都不会产生一个完整的欲望。

当然，“所要”者可以是来自于现实的客体，也可以是基于客观现实的构想的虚体。如叶公好龙的“龙”就是一种基于客观现实而构想的“虚体”。

1 孔子《论语·里仁》。

2 黑格尔《精神现象学》，1979.6.第二版.P120、121。

关于欲望产生于匮乏、匮欠或缺乏、缺欠的观点（我在本书系中都笼统地采用“匮欠”一词进行描述），在古代及现代东西方众多哲学家、思想家、心理学家或精神分析学家中似乎已达成了一种共识性和主流性的观点。

看古希腊神话就知道其中也有过这样一段描述：“爱神是丰饶与匮乏之神的结合。它处在美与丑的中间状态，类似于‘漏斗’，承接一切，却又难免匮乏。”这说明，古希腊人也同样认为欲望是能承接一切的“漏斗”一样的匮乏或匮欠。

苏格拉底对爱神也做过如是解释：“爱神是丰饶神与匮乏神的结合的产物，他既继承了母亲的匮乏也继承了父亲对于丰饶的向往。”从苏格拉底的演说中也可以看到，人应当从这两条道路中选取彼此相兼的路线，那就是在匮乏中寻求丰饶，在丰饶中发现自己的匮乏，不断地追求好、追求善。

柏拉图的观点也是这样，他认为，爱是缺乏，己所不有，求诸外界。他在《会饮篇》中写悲剧家阿伽通因悲剧上演得奖邀请几位好友在家中会饮的事情，后来他们规定每个人都要对爱神颂扬一番以助兴，于是便形成了一套完整的关于欲望的理想主义话语。其中，阿里斯托芬和苏格拉底二人均认识到“爱情或欲望起源于缺失，最终又趋向于寻求完整状态”。

在苏格拉底那里，“缺失”是指一种“没有成为或者没有拥有”，而“趋向于寻求完整状态”，且缺失的欲望总是“以某种方式推动情人趋向于善”。

亚里士多德曾对柏拉图说：“社会生活的意义也就是以人的目标的选择而存在。憧憬美好的未来，头顶的天空也许总是蔚蓝的一片，脚下的坎坷也可能视若平地，一味沮丧，颓废看人生，阳光大道也荒芜苍凉。潘多拉放飞许许多多灾难，使人类产生许许多多的匮乏，人们总想设法去填补这种匮乏，去追求心目中的那个‘善’。”

同样的，叔本华也认为欲望是一种缺欠，也是人生一切痛苦之根源。他说：“人的意欲比其他动植物更加强烈和复杂。意欲的满足就是快乐，意欲得不到满足就是缺欠，就是痛苦。说到底，欲望本身就是缺欠，就是痛苦。又因为一种意欲暂时刚得到满足，另一种意欲就会随之产生，意欲的满足总是暂时的有限的，因而是相对的；而意欲本身则是永恒的、无穷无尽的，因而是绝对的。因此，人生总是充满痛苦。”

由此看来，古今中外大多数学者对欲望产生的“匮欠说”基本上达成了共识，我在本书系中将按照欲望的匮欠理论进行更深层次的推演，不但要阐述欲望的内在机理，揭示欲望产生的生理基础和欲望涵盖下的人类的本质属性，而且还要开创性地解开人类主观世界形成之谜，并借助欲望之火把这个混沌而模糊的精神宇宙照亮。

欲望是人类及一切动物的本质属性。笛卡尔的“我思故我在”的哲学思想强调了人是以主观精神的形式而存在的。而欲望动力心理学则强调“我欲故我在”的哲学思想，强调人是以主观联系客观的形式存在的，为“人是主客观结合体”的世界观提供了扎实而有力的理论依据。

欲望是人类客观与主观之间搭起的桥梁，可以通过这座桥梁走过来，也可以通过这座桥梁走过去。生理的客观世界产生了以欲望为主导的主观世界，欲望的主观世界通过欲望的实现回馈了生理的客观世界。正是在这样一个过程中间，人的精神世界开始逐渐活跃，并独立而快速发展起来。

第二章　欲望活动的内部机理
——欲望匮欠产生和形成必备的四要素

人类的每一种行为都是欲望驱动的结果。欲望动力心理学认为，人类每一种欲望的产生和形成都不是空穴来风，而是有条件的，有原因的。我们姑且不论构成世界万物的因果链是否有第一原因的存在，但从欲望系统中洞察宇宙的逻辑，一切都是从“无”开始的，这一点，我们在本书第一章中已经讨论过。

欲望是从无中产生的，“无为万物之母”，欲望虽非纯粹的“物”，但其生灭的过程也与“物”的生灭过程一脉相承，一理相应。我们可以拿任何一种欲望为例，向前推导开去，几乎推到每一步都能向上找出一个“因”来，若果我们把它推到源头端点的话，就应该是我们要找的第一原因了。

我们不妨这样试试看，譬如食欲，如果把食欲作为因果链中的一个“果”，那么，其因可推到“饿”的匮欠感觉上去，因为有饿了的感觉，所以产生了食欲；如果把“饿”的匮欠感觉作为因果链的一个“果”，那么，其因可推到身体内部的能量消耗上去，因为身体内部的能量消耗了，所以出现了“饿”的匮欠；如果把身体内部的能量消耗作为因果链中的“果”的话，那么，其因可推到生理运动上去，因为生理运动，所以需要消耗能量；如果把生理运动作为因果链中的“果”的话，那么，其因可推到天赋的生命本能上去，因为生命本能的存在，所以才有生理运动的存在。

这是不是说，生命本能就是欲望的“第一原因”了呢？如果我们还不满足于这个简单的推理，那么，还可以将生命本能作为因果链中的“果”，继续向前推到更远的“因”。

欲望的来源如此复杂，意味着欲望的构成机理也绝不是一种简单的组合。换句话说，欲望本身是一个特殊的非物质性且有逻辑的虚体。这个虚体是由神经感应下的四个特殊的要素构成的：一是欲因，二是欲灶，三是欲缺，四是欲标。

一、欲因：欲望产生的原因

欲因，导致某种欲望产生的直接原因，也是某种欲望产生的第一推动力。

一般而言，欲望产生的原因有如下两种：

第一种是内因，是源自于身体内部生理运动导致的能量耗损或剩余，从而引起神经感觉对能量的需求性反应和排解性反应，如食欲的欲因是人体内部必备的食物能量出现匮乏，其储备能量越来越不足以支撑必要的人体生理活动，主管食欲的神经中枢便会发出摄食或饱食的指令；再如大便欲的欲因是能量消耗后剩余的残渣过多，需要排出体外，主管大便欲的神经中枢发出排出体内剩余残渣的指令。

第二种是外因，是源自于外部某种客观事物的刺激，从而引起人的感觉或知觉对这种刺激产生应答反应。如遭寒风袭击而产生的避风取暖欲望，被石头打中后而产生的疼痛刺激引起解除疼痛的欲望，看到美女走过而产生的亲昵欲望，听见一段美乐而产生的欣赏欲望，等等，都是外因引起的欲望。任何一种欲望，至少对应着一种原因，这就意味着，每一种欲望，都能找到相应的欲因。而且，一种欲望通常可能拥有多个欲因。

比如性欲，可以缘自于视觉上看到的异性挑逗、动物交配、黄色小说、图片、光碟，也可以缘自于听觉上听到的异性的声音、或他人对于性生活的描述，也可以缘自于嗅觉上嗅到的异性气味等等。

不管是匮欠性的内因，还是目标性的外因，都可以被称之为刺激。

生理学对于刺激的解说是这样的：

所谓刺激是作用于活体系统（细胞、组织、器官以至生物整体）并引起其反应的动因（即内外环境的多种变化）。按其性质，刺激可分为电、光、声、冷热或机械等物理性能量刺激，以及各种化学性反应刺激；按其效应，又可分为使生物组织、器官显示其功能或增强其功能的兴奋性刺激和使生物功能消失或减弱的抑制性刺激。

生物体中的所有细胞都具有对刺激做出反应的属性，即应激性，但不同细胞的敏感程度和反应程度却有明显差异。神经与肌肉细胞对刺激表现敏感，反应显著，一些很小能量变化性的刺激，就能导致它们从静息状态迅速转入兴奋状态，产生冲动，即动作电位。生理学将神经与肌肉细胞具有的这种应激特性叫做兴奋性。

瞬时性单一电刺激只要达到一定强度，就会引起神经纤维或细胞产生一个动作电位。能引起反应最弱的刺激叫阈刺激，其强度值称为阈强度。在达到阈值后再增强电刺激的强度，并不能引起更大的反应。生理学上把这种阈下刺激无反应，阈刺激和阈上刺激在单个神经纤维或肌肉细胞都出现同一幅度和时程的反应叫做全或无定律。

在一个有效刺激后的很短时间内，神经纤维对下一个刺激不发生反应，这段时间叫做不应期。这说明，刺激施加于机体组织或细胞，必须基于一定量的电荷通过才能引起其兴奋。这个量的大小与机体组织特点或细胞功能状态密切相关。一般情况下可将阈强度的大小作为反映机体组织兴奋性的指标。

有人为了使心理分析变得条块分明和源流昭彰，将宇宙中一切有形的与无形的东西合在一起称为原块。很显然，没有原块，既不会产生生命，也不会繁衍生命。对于生命而言，所有的原块及其特征都有可能通过某种机缘而对生物体产生刺激。

以机体作参照物，可分为内原块和外原块，体内来的原块的刺激所引发而产生的人命或生命过程的变化叫做内原块，生物体外部的原块叫外原块。比如肚子痛便是内原块形成的刺激反应。

刺激还可分为机械（力学）刺激、热刺激、放射线刺激、电刺激、化学刺激和渗透压刺激等。电刺激是人为的，但其最适于进行定量的研究，并且与现象的本质具有密切的关系。动物个体单从感受器接受刺激，此时的刺激称为感觉刺激，它可分为来自生物体以外的外感受刺激和生物体内部（肌血、腱、外骨骼和内脏等）产生的自体感受刺激（或内感受刺激）。

刺激是生命之源，从原块的属性到被生物感知和利用的过程就叫刺激。这种刺激不但直接导致了生命的产生，也导致生物的生长发育，更导致生物体神经产生各种刺激属性相应的反应。遗传只不过是对刺激的一种记录和释放。长期寒冷，造就白皮白毛等，长期炎热造就黑皮黑毛等，动物通过基因记下这种气候刺激引起的特征，这一切全是为了使动物更好地适应环境的结果。

人的思维源自于刺激：一个人对一个事物进行思考，首先是因为他感觉到了这个事物的某方面特征，既一个原块刺激人体感官产生感应，感应被传递到大脑，并对这一感应及其与这一感应有关的事物产生思维活动。这说明刺激与思维具有特定的因果关系，假如现在某人受到的某一刺激与两千多年前的苏格拉底生活时所受到的某个刺激完全相同，就会和他产生相同或相似的思维，这就印证了荣格的集体潜意识理论：人类的很多思维都是一种时间上的连贯性遗传，一个民族尤其如此，信奉上帝的人因为接受过《圣经》的影像，其大部分言行也都出自《圣经》。

人的行为源自于刺激：由饥饿引起的匮欠刺激，驱动你产生寻找和获取食物的行动；性激素臌胀的刺激，驱动你产生寻找性伴侣的行为，并因此而产生一个新的个体不可逆转地诞生在这个世界上。

刺激的概念是行为主义心理学最主要的用语。行为论侧重研究可观察的行为，把心理现象归结为“刺激－反应”公式，把心理学的任务归结为由刺激探讨反应或由反应探讨刺激，目的是确定二者以达到对行为的预测和控制。

刺激是造成人类产生匮欠的根本欲因。

但是，欲望动力心理学认为，刺激是产生欲望的根本原因。而驱动人类意识活动和行为活动的根本力量是欲望而非刺激。

不管是哪一种欲因，最终都要反映在神经活动上。也就是说，不管哪一种欲望，都必有某个特定的神经中枢区域管辖着，就像语言中枢管辖着表达欲，下丘脑的食欲中枢管辖着食欲一样，其他欲望也是如此，也都有相应的中枢管辖区。

饮欲的欲因缘自于体内缺水。

性欲的欲因缘自于成熟的性生理（性激素分泌）活动，这是内因。没有这个内因的成立，外界的色诱事件便会失去意义。

呼吸欲的欲因可能是缘自于空气流通不畅或空气稀薄短缺，也可能是缘自于个体器质性或功能性呼吸障碍。

支配欲的欲因缘自于人类自身的惰性和欲望目标所具有的被动性特征。

荣誉欲的欲因缘自于人类个体进入社会后产生的对于自身被承认、被尊重的价值感的需求。

一个欲望有可能会成为另一个欲望的欲因。比如，权力欲的欲因可能是支配欲，爱好文学的人也有可能是缘自于一次沦肌浃髓的爱情表达冲动。

欲因是五花八门的，欲望是五光十色的。同一个欲因在不同个体那里也可能会产生不同的欲望。比如，中国的臭豆腐，有人很喜欢，有人很厌烦；同样一句话，有人听了倍受鼓舞，有人听了备受侮辱；同样一个职位，有人趋之若鹜，想极力得到它，有人却视如敝屣，想极力辞掉它。

人的条件和处境不同，其欲望产生的机理也不同。面对同样一种欲因，有人产生了某种欲望，有人没有产生任何欲望，这也是常有之事。比如，一个富商看到一款新车，觉得很好，产生了买车的欲望。而一个乞丐同样看到了这款新车，也觉得很好，但因为自身处境低下，根本没有产生买车的欲望。人对于距离自己遥远而离谱的好事，通常不会充满期待，不会产生欲望。

欲因对于人的欲望系统影响直接而且深远，在一个层次不多、差别不大的社会里，一个新的欲因往往会给很多人的心理带来不小的波动。比如一个企业的主要领导退休了，出现了新的职位空缺，可能会引起很多人对这一职位的垂涎和想往。

欲望管理有时可以从管理欲因入手，藉此加强社会管理、企业管理、团队管理。如社会管理者对于黄色图书、黄色光碟、黄色网站等的封杀与遏制，目的就是解决不健康、不合法的性欲的欲因蛊惑问题，防止性欲的欲因泛滥，防止色欲横流，避免社会性伦理和性道德遭受冲击和破坏。

在一些政治、经济、企业集团内部有很多保密条款，也可以归属于欲因管理范畴，其中一些内容可能会引起他人心理不平衡或引起他人野心膨胀，图谋不轨，从而产生对于本集团或权威者的利益冲突。

控制欲因，就可以藏起底牌，从源头上建立一道防火墙，防患未然，阻断他人产生对本集团或权威者不利的启示，防止点燃他人心中隐藏的欲火，不给他人留下任何可乘之机。古代封建帝王推重的“灭人欲”思想或愚民政策，有很大一部分内容源自于一种简单而朴素的欲因联动观。

二、欲灶：欲望产生的基本点位

欲灶也叫欲源，即欲望发生的原点、源泉，也是欲望产生或形成时必备的原始点位、部位或区域，是对欲望属类、性质和具体部位起决定性作用的生理感应性组织或器官。我们在本书系其他章节中阐明的欲望与生理系统的关系，解决的是欲望的属类问题，这里提出欲灶的概念，解决的是欲望产生的具体部位问题。

每一种欲望都来自于特定的生理系统或肌体组织器官，或特定生理组织器官的特定部位——即欲灶。没有欲灶的欲望是根本不存在的。或者说，不同的欲灶产生不同的欲望，不同的欲望对应着不同的欲灶。解剖学、脑科学、皮纹学和病理学等均已证明了人体各部位的运动都分别受到大脑不同神经结构、区域和组织的制动与管辖。同样的道理，不同的欲灶也归属于不同的脑区或不同的神经系统管辖，为此我们有必要了解一下大脑各区域与欲灶的对应情况。

科学早已经证实，人的大脑分左右两个半球，这两个半球是对称的，每一半球分别有视觉区、听觉区、体觉区、联合区、运动区等神经中枢。在神经传导的运作上，两半球相对的神经中枢，彼此配合，且发生交叉作用。

比如左半球视觉区管理两眼视网膜的左半，右半球视觉区管理两眼视网膜的右半；两半球的听觉区共同分担管理两耳传入的听觉信息；两半球的运动区对身体部位的管理，是左右交叉、上下倒置的；两半球的联合区，分别发挥左右半球相关各区的联合功能。在整个大脑功能上，两半球并不是各自独立的，二者之间仍具有交互作用，这种交互作用的发挥靠的是胼胝体的连接而得以完成。

在通常情形之下，大脑两半球的功能分工合作，在两半球之间，由神经纤维构成的胼胝体，负责沟通两半球的信息。实验表明，如果将胼胝体切断，大脑两半球被分割开来，各半球的功能陷入孤立，缺少相应的合作，在行为上会失去统合作用。

人类大脑在功能划分上，大致有左右之分和层次之分两种情况。所谓左右之分指的是左半球管右半身，右半球管左半身；所谓层次之分指的是每一半球的纵面，原则上是上层管下肢，中层管躯干，下层管头部。这就形成了一种上下倒置、左右分叉的微妙构造，但不管怎样微妙，总是存在着脑区与部位功能之间相互对应的关系。

另外在每一半球上，又各自分区为多个神经中枢，每一中枢又各有其固定的区域，分区专司的结构形式，使人类大脑实现了分化而又统合的复杂功能。

两个半球在区域的分布上并不完全相同，以下是脑科学家对于大脑半球区域的划分方法，从中可以看出不同的脑区（神经中枢）对应着人体不同的生理部位和生理功能。

（1）视觉区，视觉区位于两个半球枕叶的皮质内，交叉控制两只眼睛，是负责管理视觉的神经中枢。每只眼球内视网膜左半边，均经由视神经通路，而与左半球的视觉区相连接。这说明，左半球的视觉区和右半球的视觉区，都同时控制着左右两只眼睛。两眼视神经冲动会合后，通往视觉中枢的通路为视神经，而视神经通路的交会点则为视交叉，位于视丘之下。

(2) 听觉区，听觉区位于两半球的外侧，属于颞叶的区域，是负责管理两耳听觉的神经中枢。每一半球的听觉区均与两耳的听觉神经相连接。每一半球的听觉区，均具有管理两耳听觉的功能，其中一半球的听觉区受到伤害时，对个体的听觉能力只有轻微的影响，这一点，与视觉区的特点殊有不同。

(3) 体觉区，体觉区体觉区位于顶叶的皮质内，是负责管理身体上包括所有热觉、冷觉、触觉、压觉、痛觉等各种感觉的神经中枢。体觉区的功能与身体各部位之间也是上下颠倒与左右交叉的关系。

(4) 语言区，布氏语言区与威氏语言区只分布在左脑半球，其他各区则两半球都有。

(5) 运动区，运动区位于中央沟之前的皮质内，是管理身体运动的神经中枢，身体内外所有随意肌的运动，均受此中枢的支配和管理。运动中枢发出的神经冲动，呈现左右交叉和上下倒置的方式运行。

(6) 联合区，联合区作为一种特殊的神经中枢具有多种功能。每一半球上均有两个联合区。其一是从额叶一直延伸到运动区的一大片区域，称为前联合区，其功能尚不十分明朗，但主要与解决问题的记忆思考有关。其二是后联合区，分散在各主要感觉区附近。如：额叶的下部就与视觉区有关，此区域受伤会减低视觉的辨识力，特别是对物体的不同形状很难辨识。

脑科学家根据大脑皮质的细胞成分、排列、构筑等特点，还要将皮质分为若干区。比如视觉皮质区、听觉皮区、嗅觉皮质区、皮质一般感觉区、皮质运动区、皮质运动前区、皮质眼球运动区、额叶联合区、内脏皮质区、语言运用中枢等等，每一个区都管理着特定的身体部位及特定功能。

随着脑科学的不断发展，大脑半球深部结构及其功能特点也越来越为人们所认识。这样，神经与欲灶之间的对应关系也越来越明朗起来。

欲灶发生于人体特定的生理部位，却反应在不同的大脑结构之中，即不同的大脑结构位置是某种特定欲灶的反应区域。因此，欲灶的概念既可以是生理性机体部位的，同时也是神经性相应感知区域的。欲望与欲灶、与大脑神经区域具有结构对应关系。我们究竟认为欲灶的具体位置是来自于人体生理出现匮欠的具体部位呢？还是认为来自于大脑不同的神经管辖区域呢？

比如，你的左脚趾被硬器扎伤了，觉得很痛，你产生了不舒适的感觉。那么这个负舒适欲是来自于你的左脚趾呢，还是来自于你的大脑半球管辖左脚趾痛觉的神经区域呢？我们通常可能认为是来自于左脚趾，而不是大脑半球的某个神经区域。但是，如果把管辖脚趾痛觉的神经区域解剖并摘除掉，那么，脚趾部位即便被硬器扎伤，也不能产生痛觉，因而也无关于舒适或不舒适的感受，所谓的舒适欲也就不复存在了。

所以，欲灶具有双指性，一方面指向欲望发生的具体生理部位，一方面指向具体的神经辖区。这就意味着一个欲灶既可以指向生理性的肉体欲灶，也可以指向感知性的神经欲灶。比如一对热恋中的男女都急切地要亲吻对方，试问这个亲吻欲的欲灶是在嘴唇部位呢，还是在大脑中主管唇舌的某个具体神经皮质区呢？应该说，二者合为整体方为一个完整的欲灶，因为二者缺一不可，缺少任何一个部位或区域，这个欲望都不会产生出来。

其他，如想看一道风景时，视欲的欲灶是在眼睛部位还是在视觉皮质区呢？以此类推，一切欲望都要发生在肉体的一个具体部位，同时还要由具体的神经辖区反应出来，这就使得欲灶具有了双指性特点。

鉴于人的躯体的任何部位都有明确具体的大脑中枢神经辖区与其对应并且直通，我们只要指出了一种欲望的生理性欲灶，那么，其神经性欲灶便可顺藤摸瓜了。反过来其道理也是一样，只要指出了神经感知性欲灶，那么其生理性欲灶也就可以不查自明了。

食欲的欲灶不在于食物本身，食物只是针对于匮欠而用来满足食欲的特定对象，但不是欲望产生的原始点位，食欲的产生则在于人的消化系统必不可少的肠胃消化器官及其机能的存在事实，肠胃中对消化及其功能具有感觉作用的神经元或感受器与食欲中枢共同构成了神经性欲灶，食欲中枢根据欲灶部位产生的匮欠有无和大小而发出饱食和摄食的指令。

呼吸欲的欲灶是呼吸系统对肺部气体交换具有感觉作用的感受器以及神经中枢的相应管辖区。

性欲的欲灶是性器官中对性激素及其功能具有感觉作用的感受器以及神经中枢的相应管辖区。

温暖欲的欲灶是人的肌体对温度具有感觉作用的感受器以及神经中枢的相应管辖区。

视欲的欲灶在视觉区。

听觉的欲灶在听觉区。

关于每一种欲望所对应的欲灶，我们肯定还需要得到生理学、解剖学、脑科学、认知神经科学和精神病医学等的进一步研究、分析和确认。但每一种欲望皆有其对应的生理性欲灶这一理论观点则是完全可以成立的。这一理论将对人类生理学、心理学、医学、精神分析学等诸多学科产生具有革命性的重大影响。

有很多高级欲望，可以具有多个欲灶。如控制欲、占有欲等，可以来自于食欲中的欲灶，也可以来自于呼吸欲的欲灶、温暖欲的欲灶或其他欲望的欲灶。这就是说，所拥有的欲灶越多，其欲望层次越高级，内容越复杂，辐射面越广泛，涉及的填充物目标越繁多，且获得满足的标准、条件和要求也越高，满足过程越艰难。相反，所拥有的欲灶越少，越单一，其所生成的欲望层次越低级，内容越简单，辐射面越狭窄，涉及的填充物目标越稀少，越单一，其获得满足的标准、条件和要求也越低，满足过程也越容易。

比如控制欲、权力欲（官欲）、安全欲、生命欲、生存欲、价值欲或自我实现欲等欲望皆为高级欲望，食欲、便欲、呼吸欲等欲望皆为低级欲望。

安全欲、生命欲、生存欲等欲望在本质上具有相同的属性，都是对生物所特有的生的欲望从不同角度和不同层面阐述问题时所界定的不同概念，都是对完整生命系统进行自我保护的欲望，其欲灶可能会发生于任何一个生理系统及其器官组织之中，因为任何生理系统中的肌体、脏器、组织及其功能都可能发生致命的损害或障碍，每一种损害或障碍都可以成为这些高级欲望的欲灶。

人的社会性欲望都是高级欲望，并且也都是生理性欲望的延伸和升华，都是生理性欲望在社会系统中的折射反应，可以被理解为生理欲望的衍生欲望和升华欲望。所有的社会性欲望如尊重欲、价值欲、荣誉欲、权力欲、占有欲、控制欲都与来自生理系统的安全欲、生命欲、生存欲具有相同的归依，在生理系统中都拥有多个欲灶。

凡是高级欲望都具有明显而强烈的社会竞争性，比如一个人的控制欲催生了官欲，为了当官，他必须按照当时社会当官的基本要求与晋升规则好自行事，他要在职场上熟练掌握业务，努力工作，还要竭力维护身边的人际关系。所有这些，绝不是凭借一时头脑发热所为，而是经过大脑深思熟虑而做出的一系列理性的行为安排和志向取舍，这已经不是简单的神经信息传导功能所能完成的，而必须提升对匮欠的认识级别，从而将这一欲望上升到整个神经系统的总体统筹之中，进行综合考量。这样，这个欲望才会具有相应的层次意义和获得满足的可能性。

欲望与欲望之间在一定环境条件下会发生地位与级别的差异性变换，从物质性欲望方面来看，某种欲望一旦进入危及生命安全或财产安全的境地，就会通过神经系统或信息系统迅速提升认识级别和重视级别。

如食欲对应的食物发生紧缺，呼吸欲对应的空气被污染，财产欲对应的财产面临严重损失，等等，那么与这些欲望相关的信息就会迅速传输和汇聚到人体指挥中心，并经由大脑进行分析，做出欲望地位或级别的调整，一旦上升到事关生存、安全等根本欲望、主体欲望、主导欲望、主要欲望、核心欲望的地位或级别，就会成为压倒其他欲望的优势欲望、强势欲望、强烈欲望、迫切欲望而成为优先给予满足的对象。即该类欲望在满足程序、满足条件和满足程度上自动上升到前位，具有了优先权，对该欲望在诸如注意力、精力、心力、体力、智力、财力等方面就会迅速加大投入比例。

从精神性欲望方面来看，人们在某种客观环境条件刺激作用下和心理环境条件的呼应下，某些趣味性、志向性、尊严性、荣誉性欲望有时也会成为压倒其他欲望的优势欲望。

比如某种文学、音乐、绘画、娱乐等兴趣或爱好成为一种执着坚韧痴迷的优势欲望或强烈欲望，从而压倒了其他很多欲望，甚至为此而放弃了其他很多欲望。

再比如有人为了维护尊严而选择无所畏惧，宁死不屈，或杀身成仁，或舍生取义，表面上看是有悖于安全欲、生命欲、生存欲的行为，但其本质还是生的欲望在精神层面的特殊反应，是源于生理系统及各类器官不能够获得正常运转而引起的神经功能性极端反应，被侮辱、被蹂躏、被糟蹋、被亵渎、被威胁等不利于生命安全、不利于生存的事件所带来的压抑、痛苦和紧张化为心理的负面压力已经使生理系统中的各类器官及其功能无法获得“正常运转”的安全保证了，于是便会采取这种极端的行为用以挑战、冲破和超越这一被动境况。

这就是有些社会性欲望有时会违背或超越生理欲望而呈现的特殊反应，我们把这种情况称之为欲望超常应激效应。

很多个人的异常举动，比如某些杀人或自杀等极端反应，大都是这一效应催生的结果。所以，所有社会性欲望都是生理性欲望的特殊体现和特殊表达形式，体现自身存在意义的价值欲、尊重欲或荣誉欲的欲灶集中在神经系统的某个特定部位上，是信息系统通过对事关自身存在的各种信息的综合平衡而在大脑某个特定部位的集中反应。

这些信息以其整体属性而弥散到心理层面和精神层面，就会导致心理或精神的平衡或不平衡反应。这就是说，精神欲望的欲灶往往源自于某一个特定的心理点位，一个人在他在乎的地方会引起心理反应，而在他不在乎的地方则不会引起心理反应，而其在乎的程度往往决定心理反应程度或应激程度。有时，我们发现，一个在别人或者在很多人眼里看来都显得利益攸关的重大事项，在另一些人眼里却可能不以为然，视若无睹，置若罔闻。

比如有人对某一荣誉颇为崇尚，信奉有加，而另一些人却视之如敝屣；很多人都喜欢旅游，却也有一些人对此毫不感兴趣；一些人喜欢吃猪肉，而另一些人却对猪肉表现得很反感。这就表明每个人只有在他在乎的地方才能产生欲灶，才能产生欲望，否则，便不会有欲灶出现，因此也不会有欲望产生出来。在乎或不在乎的原因有的是来自于生理机能性反应，有的是来自于生活习惯性反应，有的是来自于后天教化的观念性反应，其中观念性反应也属于心理反应范畴。

欲灶是促使人们从物质世界向精神世界过度的根源，或者是人类奔向精神旅程的始发站和出发点，也是精神、意识产生和形成的根源，欲灶的消失直接会导致精神的消失。所以，欲灶也是人类各种欲望的引信，一旦点燃，欲望便会爆炸；欲灶也是人类行为的发动机，一旦启动，人类行为的巨舰便开始在生命的海洋中起航，人类理想的火箭便开始在浩瀚的宇宙中飞翔。

欲灶处于平衡和满足的休眠状态，则不会产生欲望。我们把欲灶处于休眠的状态称之为欲眠，即欲望处于相对满足的静止睡眠状态，也是欲望系统中的欲缺处于被填平状态，或遭到其他优势欲望或强势欲望倾轧而处于暂时的沉寂状态。

欲眠的出现有几个原因。

一是欲望获得了绝对满足后的休整不应状态，如性欲满足后处于不应期状态，食欲满足后处于饱足感状态，这种状态一般是暂时的。

二是虽然欲望匮欠没有被填平，但由于环境或条件的变化影响，出现了其他压倒性的优势欲望和强势欲望，导致目标和注意力发生转移而使原来的欲望偃旗息鼓，不再引起明确反应，这本身也是一种欲眠状态。如一个人性欲高涨，正准备全身心投入到性满足的事件中去，但此时地动山摇发生了大地震，他的性欲之火一下子熄灭了，注意力转移到了安全欲上来了，其性欲沉寂了，进入了欲眠状态。

还比如自己小腿肚子在某一个时间段感觉到一阵较微弱的酸痛刺激，接着又发生了一阵剧烈的瘙痒，这时大脑的注意力会立刻从酸痛刺激上转移到更强烈的瘙痒刺激上来了。藉此我们发现刺激、欲望与注意之间存在着一种特殊的成比例消长关系，即微弱的刺激必然激发微弱的欲望，强烈的刺激必然激发强烈的欲望，强烈的欲望对微弱的欲望具有倾轧效应，并同时引起注意力的转移。

我们把注意或注意力跟随强烈刺激或强烈欲望而转移的现象，称之为注意力随欲望转移效应。

三是欲灶本来存在，匮欠已经成形，但是没有找到相应的或合适的填充物，其欲望也会进入欲眠状态，如荣誉欲，某段时间在某个团体中没有评选各类荣誉的活动，此期组织中一般人的荣誉欲不会被激活，而处于欲眠状态。这种欲望属于后发性欲望，在没有目标的情况下，便无法刺激该类欲望的觉醒。

三、欲缺：欲望产生的基本模型

欲望发轫于特定欲灶部位出现的某种匮欠，包括能量缺失性匮欠、器质损害性匮欠、功能障碍性匮欠和认知比较性匮欠，随着时间的延续必然导致匮欠逐渐加大，并引起感觉或知觉发生明显变化。

其中，直接引起感觉发生明显变化的匮欠一般为原发性欲望，而直接引起知觉发生明显变化的匮欠一般为后发性欲望。原发性欲望为纯粹生理性欲望，而后发性欲望则比较复杂，既包含一部分生理欲望，也包含一部分心理欲望，还包含一部分由生理欲望向心理欲望的过渡性欲望。比如，“温饱思淫欲”为原发性欲望中的性欲发动形式，但看到美色而起淫意，则为后发性欲望中的性欲发动形式。前者更在于性欲的生理发动机制，后者更在于性欲的心理发动机制。

人体能量消耗失去平衡而出现的匮欠为能量缺失性匮欠；人体生理器官发生损害而出现的匮欠为器质损害性匮欠；人体生理功能因运转不灵或不正常而出现的匮欠为功能障碍性匮欠；人体信息系统通过对某些特定目标对象的发现、体认、比较，并由此获得相对完整而全面的感知，从而造成或预示着可能会造成某种生理环境指标的不平衡而出现的匮欠为认知比较性匮欠。

认知比较性匮欠属于知觉环境中出现的认知不平衡匮欠，更多地体现为心理不平衡或精神不平衡，但这种心理不平衡或精神不平衡归根溯源还是由生理匮欠的记忆性经验而引起的。即是说，一切心理问题归根结底都是由生理问题引发的。

匮欠事件一旦发生，就会随着人体生命的延续、能量的继续消耗、器质的继续运行、功能的继续发挥和心理不平衡的条件继续增多而呈现不断加大增强的趋势。正像疾病一样，沉积愈久，病情就会变得愈严重。发现匮欠及时弥补，则成本最低且效果最好。这就涉及到匮欠的大小、程度等直接关系到欲望质量和人生质量的问题。

欲灶部位出现匮欠后，导致欲望产生的生理匮欠或心理匮欠的实际大小，我们称之为欲缺。欲缺是实际发生的匮欠空间体量之大小，在匮欠形象描述上可以想象成一种状似容器型或漏斗型的空缺状态。一当这个空缺被填平即可恢复生理原态，其与即时所缺的目标对象或填充物是完全等值等量的。欲缺是匮欠的直接反应、实时反应，是匮欠的实际发生值。鉴于各种可能性的客观条件所限，欲望在寻求满足过程中并非所有的欲缺都能得到填平。

欲灶所描述的是欲望产生的具体生理部位问题，即匮欠部位在哪里的问题；欲缺所描述的是欲望满足所欠缺的实际数量问题，即匮欠在数量上缺多少的问题。

由图 2-1 可见，一个欲望产生后，其大小等值等效于欲缺，只要把欲缺填平、填满，欲望就获得了基本满足。

针对于欲望满足而言，欲望主体想给匮欠部位补充多少填充物，则为欲望度。换句话说，欲缺描述的是匮欠在客观上缺多少的问题，欲望度描述的是所需要的目标性填充物在主观上想要多少的问题。有的人其欲缺本为一斤即可填满，但其欲望度却可能是二斤、三斤，甚至更多，

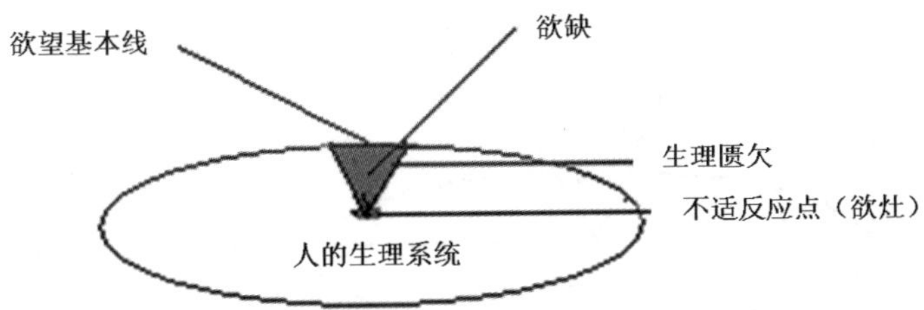

图 2-1　欲缺和欲望基本线示意图（欲缺被填平填满即是人的底线欲望）

这属于欲望膨胀的表现，也是奢求无度、欲壑难填的表现。也有的人欲缺为一斤，但其欲望度也是一斤，这属于欲求有度、实事求是的表现，也是供需双方和谐平衡的表现。还有的人欲缺为一斤，但其欲望度却为8两，甚至更少，这属于自降标准、节俭生活的表现，也是艰苦朴素、低调做人的表现。

但在现实生活中，人们的欲望表现、欲望表达和欲望追求却并不这么简单，在更多的时候，欲望会自觉或不自觉地被突破底线，无限膨胀，无限夸大，这就使欲望变成了一个不知餍足的怪物。这个怪物是什么呢？就是我们大家都经常提到的“欲壑”，属于欲望度无限扩大和奢求无度的情况。

欲望一旦形成便具有朝向一定极限而不断扩大的张力，欲壑就是由欲缺的负面张力而驱动主体寻求填充物给予满足的欲望发生过度膨胀的产物，是欲缺形成后而对于填充物需求数量的无原则扩张和延伸。欲壑与欲缺都是对欲望的数量描述，欲缺是匮欠本身的大小数量最直接的反应，欲壑则是针对于该匮欠的填充物目标而表现出来的大小数量趋向最大化的反应。或者说，欲缺是欲望的实际大小反应和真实匮欠数值，欲壑是欲望膨胀后对于填充物目标大小的夸张反应和极端期待数值。我们把欲望膨胀后比欲缺多出来的部分称为欲疣，欲壑 = 欲缺 + 欲疣。

图 2-2 是描述欲壑是一个膨胀的不知餍足的怪物。图中显示，一种欲望从生理系统中的某一不适反应点的欲灶处开始发生，并逐渐加大，

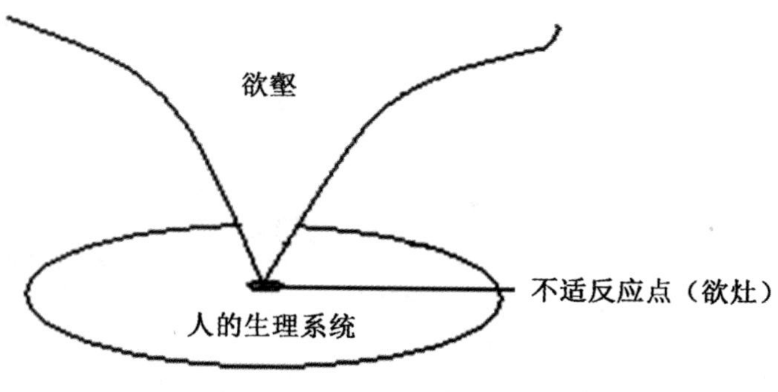

图 2-2 欲壑是一个膨胀的不知餍足的怪物

从而产生作为匮欠的欲缺。但仅仅填满欲缺有时并不能表明欲望已被满足，还有一种怪物——欲壑，这个东西在大小数量上以欲缺为基础，并远远超过了欲缺的上限，远远超过了欲望基本线。欲壑在形象描述上就像一个大漏斗。

图 2–3 是描述欲壑与欲缺和欲疣之间关系示意图。

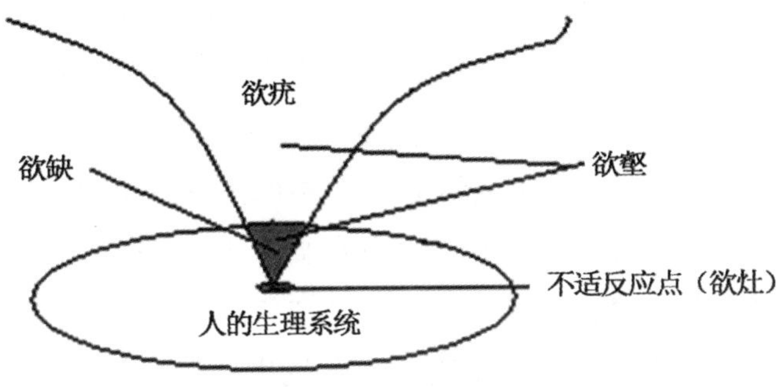

图 2–3　欲壑等于欲缺加欲疣

图中显示，欲壑 = 欲缺 + 欲疣。阴影部分代表欲缺，是欲望产生后的匮欠实际大小，阴影以上部分为欲疣，是属于填满匮欠之后的多余的填充物期待部分。这就是说，在欲壑中有一部分是对满足欲望有实际意义的，这就是欲缺部分；也有另一部分是对满足欲望没有实际意义的，这就是欲疣部分。欲疣是欲望获得基本满足之后的富余。

从以上可以看出，欲望内部各要素之间存在着互应互动、对立统一关系。我们根据这种关系可以将个体自我的欲望程度分为底线欲望、离线欲望、超线欲望。

欲灶一旦处于休眠状态，便不会产生欲望，因此也不会产生欲缺或欲壑。如食欲，只有消化系统中消化感受器中的欲灶部位发生了饥饿事件，才能逐渐出现欲缺或欲壑并产生食欲，亦即一当出现饥饿事件，食欲便会从欲眠状态开始觉醒。饥饿即是一种生理性匮欠事件，这个匮欠事件所造成的需要填充的凹地即是欲缺，因主体对欲缺不断扩大的恐惧而产生了对于填充物给予无限保障性的期待，从而形成张力而发生膨胀即形成欲疣及欲壑。

欲缺属于实际发生的真实匮欠。我们把刚好填满欲缺的水平线，称之为欲望基本线，填充值达到这条线为正好将欲缺填平填满，属于供需平衡的情况；未达到这条线，意味着未能将欲缺填平或填满，属于供不应求的情况；超过这条线，表明填充物多于或大于欲缺所需数量，属于供大于求的情况。欲缺体现的是发生匮欠的实际大小，既未予夸大，也未予缩小，欲望所追求、所要求的目标性填充物的多少和大小正好可以填平和补足匮欠，不多不少，恰到好处。我们把欲缺所代表的这个欲望称之为底线欲望，也称为原始欲望或最低欲望。底线欲望在数量或体量的绝对值上等于欲缺的数量或体量。

对底线欲望的满足是人们对欲望的基本追求，也是正当要求。所以，底线欲望是欲望系统中的原始匮欠部分和真实匮欠部分，属于需要或需求的概念所涵盖的内容，也属于基本人性和基本人权所涵盖的内容。如实表达和追求底线欲望是一种诚实的表现，既忠实于社会，也忠实于自己。同时也可以保证满足欲望的成本最低，效能最好，社会资源配置最合理，填充物目标资源不会产生多余或浪费现象。

欲疣属于假性匮欠。我们把填平或填满欲疣或整个欲壑的最高水平线称之为欲望最上线，把欲疣所代表的欲望称之为离线欲望，即脱离实际、游离底线的欲望；把欲壑所代表的欲望称之为超线欲望，即超越了欲望基本线之后的整个欲望期待数量，也称为上线欲望或最高欲望。离线欲望也可以说是离谱的、离奇的、不符合实际的欲望。满足离线欲望纯属于资源浪费和奢求过度，但现实社会中这种浪费却无处不在，这也是造成“朱门酒肉臭，路有冻死骨”等社会病态的原因之一。

以上这三种欲望形态之间存在一种简单的加减关系：超线欲望 = 底线欲望 + 离线欲望。

图 2–4 是底线欲望、离线欲望和超线欲望关系的示意图。图中倒立三角形的下端深度阴影部分为欲缺，上端浅度阴影部分为欲疣，二者合在一起为欲壑。

欲缺的最上线为欲望基本线，正常的欲望满足水平就是以欲望基本线为上线；欲壑的最上线即为欲望最上线，这个最上线具有一定的虚拟性，因为欲壑有时是无限膨胀的，很难界定一个具体的位置或水准，但有时这个最上线也是有限的，也是可以根据个体经历、经验和环境影响在某种程度上做出一种大致的区间性界定。欲缺、欲疣、欲壑代表了意义不同和数量不同的匮欠及其补偿水平，也在一定程度上影响欲望者的心理状态和心理感受。欲缺更多地影响生命状态的平衡，或者生理状态的平衡，而欲疣和欲壑则主要影响心理状态的平衡。

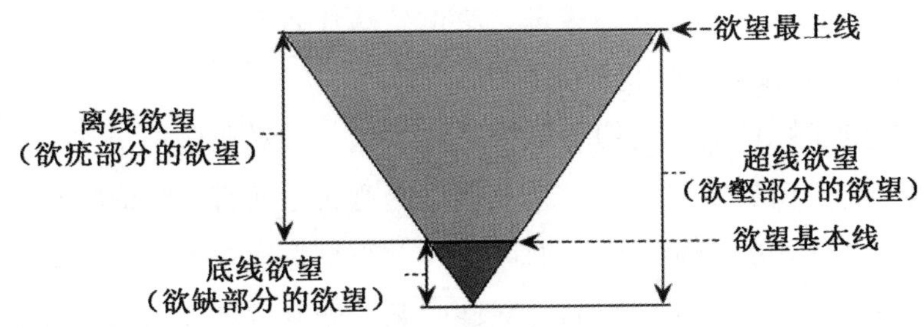

图 2-4　底线欲望、离线欲望和超线欲望关系

在现实社会中，人们无一不是为了达成自己的某种欲望而与其他人或组织进行各种各样的合作或竞争的。对于合作或竞争的条件，总是以欲望的形式为基本条件、标准和要求。但有的人是按照欲望基本线提出的底线欲望，有的人是按照欲望最上线提出的超线欲望。超线欲望一般是过分的欲望追求和欲望期待，是不利于彼此之间的诚实合作与平等竞争的。而且，如果合作或竞争双方中有一方存在超线欲望，就很可能会埋下不诚信和不公平的种子，并很容易产生欺骗人或损害人的不良图谋和恶劣行为。

所以，对于常怀超线欲望的人要格外多加一份戒心，以防彼此合作与竞争过程中的不测事件发生。

四、欲标：欲望产生的方向目标

欲标就是满足欲望而用来填充欲缺或欲壑的目标对象，是填充欲望之匮欠的必备的东西，一般是一种物质能量性资源或者社会精神性资源、权力性资源、程序性资源、模式性资源、身份性资源、地位性资源、人际性资源、情感性资源等等。

欲标所表达的是欲望的质地、质量、属性问题，即匮欠在性质上缺什么的问题，要解决的是匮欠用什么来填充的问题。

欲标可以是物质的，如食欲需要的食物；也可以是精神的，如价值欲中需要的某种权力、职位或地位。

欲标的属性是由欲灶的属性决定的。欲灶、欲缺、欲壑与欲标在属性方面存在着对应、呼应的关系。所谓“缺什么补什么”，说的就是欲缺与欲标之间的这种两相对应和呼应关系。

欲标的实际价值，我们可以称之为欲值，是对业已指定和确认的欲标所做出的价值界定和评估。从纯理论的意义上而言，欲值与满足其欲缺的所缺之值是完全相等的，即欲值的大小是由欲缺决定的。但实际生活中，由于满足和填充欲缺的目标性资源、能量或条件的客观限制，欲值水平也可能会自动或被迫做出相应的调整和变化，有时可能等值于欲壑所能填充的欲标价值，或等值于社会平均欲壑水平。在具体操作上则等同于其市场价格。

由于同一种欲灶在不同的人那里或在不同的条件下，所产生的欲缺或欲壑的大小是不同的，所以其欲望度和欲值也是不同的，欲望度指的是主体针对欲标的数量多少、质量优劣和方式便捷等条件的整体期待水平。

这说明，欲望度与欲值的含义在本质上是不同的，欲望度是在欲标的数量多少和质量优劣等未予确认之前所用的概念，是针对一定欲缺或欲壑水平而对欲标的质量、数量和满足方式等进行预估的问题；欲值是在欲标被确认之后所用的概念，是对欲标的基本价值进行评估的问题。同一种欲灶条件下，即便产生同样大小的欲缺，但由于欲壑在不同的人那里具有不同的膨胀系数或膨胀空间，其所期待满足的欲标的数量多少和质量高下即欲望度是不同的，这就导致其欲值的大小也是大同的。欲壑的膨胀系数与一个人的自身条件、素质、经历、经验、境界和所处境况的不同而引起的期待指数的不同有关系。

对食欲来说，有的人食量如牛，有的人食量如鼠；对性欲来说，即便年龄相仿，有些人一天做爱三四次竟依然兴犹未尽，而另有些人一天一次甚至几天一次也就心满意足了；对官欲来说，有的人当上处长就会很快慰了，但有的人当上县长却也未必知足，产生这样较高的期待或许与他的父辈当年拥有较高的政治背景有些关系也未可知，尽管按照彼得原理来说，每个人都希望爬到力所不逮的位置才能满意，但皇帝的儿子如果连一个小科长都力不胜任的话，倘让他真的做了科长，可能也并不会感到满足，这与其经历、经验和境况的特殊性不无关系。这就是说，即便同一种欲望，在不同个体那里，其欲壑的膨胀系数也必有很大的不同。

图 2-5 是欲标是用来填充欲壑的对象和目标示意图。从图中可以看出，欲标在未能真正变现成欲壑的填充物之前，仅仅是一个游离于欲壑或欲缺之外的不在场的目标。在距离上说，可以是看得见的，也可以是看不见的；在时间上说，可以是远期的，也可以是近期的。但不管怎样，其内容、性质、数量和形式都已然朦胧地在心理意志中大体形成了，在客观现实生活中也大体被锁定了。欲标被确认之后，尽管尚未进入满足状态，但其欲望度与欲壑的大小基本相同或相似。而欲标一旦在观念中

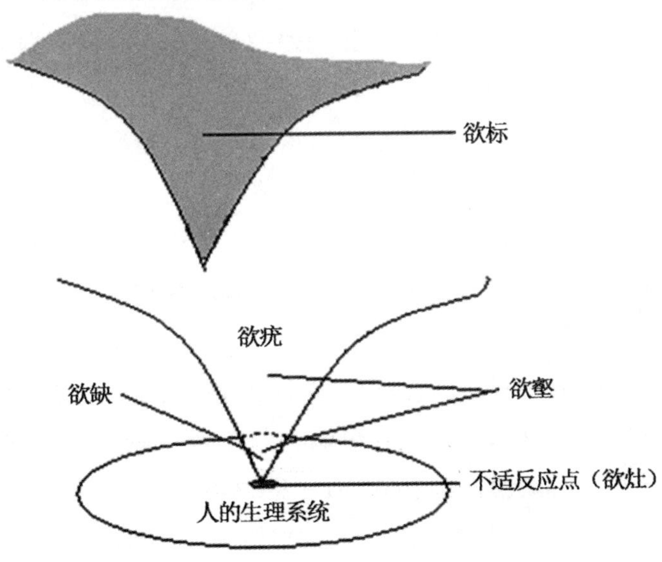

图 2-5 欲标是用来填充欲壑的对象和目标

被确认，就可以对这个欲标的价值进行评估，这就是欲值。一当欲标落实到欲壑之中，并填充了欲缺，慰藉了欲灶，方才意味着欲望真正进入了满足程序。

一般地，欲望期待永远大于匮欠本身，亦即针对欲标的欲望度大于欲缺。这就是说，欲望总是以欲标大于欲缺的形式寻求满足。比如我们在饥饿的时候点餐，很容易不自觉地把多点了饭菜，本来是两个馒头两道菜的食量，却点了三个馒头三道菜，可能还会外加一个汤，以致吃饱喝足之后才发现所剩颇多，这样就只能造成资源浪费或吃不了而只好兜着走了。

相反，如果在我们的饥饿感很弱的情况下点餐，就会更接近于匮欠的实际。这说明，实际匮欠越大，欲缺越大，匮欠感越强，欲壑也就越容易膨胀，这样不仅对欲标的期待也越大，而且这种期待会变得越离谱，甚至远远超越匮欠实际情况。膨胀的欲望（欲壑）和放大的欲标对主体自我的心理活动、心态平衡、思想观念、行为方式和处世方式都会产生重要的影响，而且也会对社会其他人的欲望产生一定的影响，这就是欲望膨胀效应。

随着社会的进步和人类自身见识的提高，个人在欲望满足上不仅希望用来填充匮欠的欲标数量多、质量好，甚至在满足方式上还希望具有尊贵感和优越感。这样，在物质欲望得到满足的情况下，一些与精神欲望相关的优越感、尊严感、荣誉感、价值感、高贵感等本身也成为了某种形式的欲标，并不断地被期待、被寻求、被追逐、被欣赏。对于欲望而言，某种被主体喜欢或不喜欢的表面形式，有时也是欲标的期待内容本身。

一般地，所有的后发性欲望都是先有欲标而后才开始觉知到欲缺的。比如发现别人得到了某种好处，可能马上会感知到自己缺少这个好处，于是便会产生一种缺憾，这个缺憾便是欲缺的反应。

事实上，欲缺总是针对于一定的欲灶而发生，发现没有此一好处的抱憾的过程必经历了一个欲灶应答的瞬间，即对自己有没有某一好处的潜意识或显意识的应答与回馈。当然，还有个别欲望，即便产生了，却一时找不到实体性的欲标。

比如有人一心向往外星人，想看看外星人长的模样如何？智慧如何？与我们地球人有何差别？等等。这个欲望在现有条件下根本谈不上有欲标的存在。这个后发性知性欲望虽然找不到、甚至根本没有实体性欲标，但并不意味着它不能受到欲标的信号刺激，原因是欲望人（拥有此一欲望的人）可能经过科学猜想或看到过关于外星人的报道，对外星人的概念具有了一定的知性，从而形成信号刺激而产生了这一欲望。中国的“叶公好龙”的典故也是遵循着同样的欲望滋生规律。

人对人皆有其用，各有所用，但这并不意味着某个人或某些人会成为另一个人的欲标。欲标可以是具有物质性、能量性可补充意义的资源，也可以是具有功能性、精神性、知识性可传承意义的资源。这种资源最初是一种具有一定实在内容的无意识的“死”的东西，是一种内容符号，而人则是一个有意识的等待占有这个资源和目标内容的“活”的东西。因此，欲望主体与欲标（亦即欲望目标）客体是相互分离的。

一个人既不能成为自己的欲标，也不能成为他人的欲标，欲标只能是一种客体性存在，而且必须经过欲望主体有意识的主观行为活动才能达成与客体目标的恰合并实现欲望的满足。这是欲望系统中的主客体离合原理。

即有意识的人与无意识的欲标内容是相互分离的，欲标是客体，是物，是事，而人是欲望主体，不会是物，不会是事，人与欲标是完全不一样的两种性质的东西，二者之间在欲望系统中只存在对应与被对应、期待与被期待、索取与被索取的关系，而不会存在自动媾和、粘合和吻合的关系。因其具有彼此游离的特点，所以只能通过人有意识的主观行为活动才能获得欲标，这就是主客体离合原理所蕴藉的含义。等着天上掉馅饼、希望吃到“免费的午餐”等欲望满足方式，放弃了人的主观行为活动，因而违背了主客体离合原理，不可能实现欲望满足。

作为欲标资源的“馅饼”和“午餐”，不可能不通过欲望人自身的具体行为而自动与欲望人组合在一起，甚至可以不用张嘴便会直接闯入欲望人的胃里。正因为二者是分离的，所以就要求欲望人必须努力工作，努力作为，努力行动，才能把欲标资源捕捉到自己的手里，啮噬到自己的胃里，并最终实现自己的欲望。

同时，我们也应该看到，在当今世界，已经很少再有无主的领地和无主的资源，“馅饼”也罢，“午餐”也罢，作为一种欲标资源，通常也不可能在没有欲权人（即占有欲标资源的权利人）的情况下而兀自存在，不可能谁拿都行，随要随有，这样的欲标资源基本上已经不复存在了。这从欲权人的角度上说，欲标与人又是不能分离的，每一种欲标基本上都有其特定的欲权人，欲望人要想获取欲标，就必须从欲权人手中解除其对欲标资源的控制。这就是主客体解控原理。

比如，你想在这个地球上拥有一座山，但这座山属于一个特定的国度，也属于一个特定的地区，这个地区有关于这座山归属和买卖的政策和法规，你不能直接拥有这座山，而只能找到这座山的欲权人解除其对这座山的管理控制权，比如找管理这座山的当地政府进行咨询、交涉和讨价还价，从而获得这座山的管理权和控制权。如果直接去找欲标——大山讨价还价的话，那就违反了主客体解控原理，问题最终便无从得到解决。

人作为人，具备了人的全部属性和功能，其所产生的任何匮欠（欲缺）都不会是以另一个人作为整体的人的内容和形式来填充的，用来填充的内容和形式必须与这个人的欲灶所形成的匮欠（欲缺）相对应。一个人出现的匮欠（欲缺）不能以另一个人作为填充物，而可能或在通常情况下总是以另一个人作为欲权人所拥有的欲标资源作为填充物。

在奴隶社会，奴隶主购买奴隶，表面上看是把作为人的奴隶当成了自己的欲望目标对象即欲标，实质上是把奴隶身上所具有的特定资源（例如劳动力资源、美貌资源、性资源、娱乐资源）作为欲标的，这也是奴隶主为什么相中和购买了作为人的甲奴隶而没有相中和购买同样作为人的乙奴隶的原因。甲奴隶可能比乙奴隶身强、体健、貌美、精明、能干，所以选中了甲奴隶。说明购买奴隶的目的不是简单地购买一个人的问题，而是奴隶身上所具有的其他有用的素质性资源。

为了进一步阐明这个问题，我们有必要在这里引入浅层欲望与深层欲望的概念。浅层欲望指的是表面上浮现出来的欲标，亦即表面上把欲权人作为追求对象的欲望。深层欲望指的是主体所追求的真实欲标资源隐含在表层欲望之下的欲望。

在以上奴隶主购买奴隶的案例中，购买奴隶这个人是表层欲望的体现，而购买奴隶身上所具有的劳动力资源或美貌资源则是其深层欲望所系。

我们还可以拿人类追求爱情为例，一个小伙子追求一位美丽的姑娘，表面上看他的欲标是这位姑娘，实质上并非这么简单，他追求的对象是这位姑娘作为欲权人所拥有的女性特征及其所特有的如花的容貌、娇柔的性情和其他一些值得歆慕的东西，而非这位姑娘作为欲权人本身。

试想，倘若这位姑娘不具备女性特征及其所特有的容貌、性情和其他一些值得歆慕的东西，那么，这位小伙子就不会把她作为追逐的欲望对象（欲标），而要选择另外的对象。这也是一个男人娶了姑娘之后，开始的若干年可能感觉很新鲜、很好，也很爱这位姑娘。但随着岁月的流逝，待到这位姑娘变成老妇人，变得人老珠黄，这位男人便可能会在外面寻花问柳、移情别恋，而把目光转移到其他更年轻、更漂亮的姑娘身上去了的重要原因之一。

这就是说，欲望的深层对象与表面上追求的对象在本质上很有可能不是一个东西，而是两个东西，前者是真正的欲标，后者则是欲权人。表面上所联系和追随的欲权人不过是表层欲望目标（欲标），其深层欲望目标则是欲权人所拥有的特定资源即欲标。

当然，欲权人也具有一定的变数，正像一种资源的控制权在社会上也会经常发生转移和变化一样。欲标在谁手里控制，谁就拥有欲标权（即欲望目标资源的控制权），欲权人身份总是随着欲标权的变化而变化。

比如在当代社会，一个男人想娶媳妇，只要赢得姑娘的芳心就能实现与这位姑娘喜结良缘的愿望。但在封建社会时期，姑娘身上所拥有的特定的女性资源，并非绝对由这位姑娘本人完全说了算，父母掌握着很大一部分控制权，所谓“父母之命媒妁之言”在一定意义上说就是对姑娘欲标权的控制和剥夺。男人要想娶媳妇，可以不经过姑娘本人同意，只要获得其父母的同意即可达到目的。

鉴于世界资源或欲标资源的有限性，一个人的欲望的满足总是以外在其他人的相对失去为代价，并由此构成与其他人的对立与竞争，进而引起其他人的不平、不满、妒忌、怨恨等情绪反应或按照这一情绪方向而发生的抗争性行为反应。

所以，这部分可能引起一系列社会性情绪反应或行为反应的欲望就具有了可能遭遇危机的属性，对于这样的欲望，我们有时可称之为私欲、私心或隐私。特别是对异性资源的占有问题上，这种隐私更具有排他性和对立性，一旦对某个异性所特有的性资源产生了占有欲，便试图独领其一世芳华，而绝不会向其他对立性的欲望人泄露任何机密。

比如男女结婚之所以与其他众多欲望的满足形式不同，就在于结婚的本质是两个人私欲从彼此对立中走向统一，并籍此实现了私欲的互补与竟合，即便其他很多原以对立形式存在的社会性欲望也尽可以在彼此之间得到完美的统一、融通、满足与放任。而一旦生了孩子，那么孩子作为这种深层隐秘性欲望衍生的结果凝聚着无限的慰籍、吸引力、成就感、自我实现感。尽管其他欲望形式所产生的结果也能带来类似的慰藉感、成就感和自我实现感。

但殊不知，越是私欲强烈的欲望形式，越能带来更强烈的自我慰藉感、自我成就感和自我实现感。一个人有了孩子，即便这个孩子不言不语，即便彼此时空距离遥不可及，但孩子作为一种凝聚着自我成就感和自我实现感的欲望成果，也依然具有一种特殊的吸引力、凝聚力、向心力、召唤力和感染力，这也是每个孩子都会促动父母为之心动、为之挂怀的根本原因。

欲标权作为影响个人命运和社会关系的重要权力，社会组织系统或管理系统总是利用自己至高无上的控制权对社会欲标权进行广泛占有、调节和分配，并为此设定规则、程序、制度，以维护组织秩序和社会管理秩序，不管是职位目标、待遇目标、物质资源目标、社会荣誉目标，都有为这些目标对象的获得所设立的规则，这就是管理规则。从这一意义上说，社会管理也是欲望管理。

为了不让人们利用这些欲标资源实现个人独霸和恣意妄为的野心，也为了维护社会秩序的稳定与和谐，一些重大的欲标权常常被控制在组织的最高层次甚至国家的最高层次进行有效管理，并按照层次授权和分权原则，设定诸多管理层次和管理程序，既实现了对欲标权和欲标资源的有效控制，也实现了规避因欲标权和欲标资源分配不合理而引发的社会危机和管理风险。比如在大多数国家里，一些重要的矿产资源的开发，总要经过多个部门和多个组织层次来办理多项审批手续，只有在通过自行设定的各种管理程序之后，才能完成对一个人或一个企业的授权，才能使一个人或一个企业在授权范围内实现处置欲标资源的目的。

以上论及了构成欲望的五个元素，即欲因、欲灶、欲缺、欲壑和欲标。其中欲因、欲灶、欲缺和欲标是欲望产生和形成的必备四要素，因为欲壑与欲缺所起的作用从根本方向上说是一致的，都是欲望匮欠的反应形式，所以，欲壑的概念和意义虽然很重要，但只能作为欲缺的延伸概念，而不能作为欲望产生和形成的必备要素。

五、欲因、欲灶、欲缺和欲标的关系

为什么一个人的欲望与另一个人的欲望有时会存在惊人的相似，而有些时候却又相去甚远？对这个问题的考证，我们必须把目光投射到欲望产生的基本形式上来。

欲望的产生与形成具有如下两种基本形式：

第一种形式是欲灶通过神经系统发出欲缺的信号，并经验性地确认满足欲缺的特定欲标，从而形成欲望。绝大多数生理欲望基本都是由这种形式产生的。比如一个人饥饿的时候，就表明他生理方面的欲灶出现了欲缺反应，他必然会产生食欲。

第二种形式是凭借感知神经发现一个新的欲标信号，这个新的欲标信号反馈到相应欲灶的神经中枢辖区，与主体业已体验并占有的欲标形成对比，当新欲标等于、低于或劣于原欲标时，便不会产生新的欲望，而当新欲标的价值水准高于原欲标时，便会形成反差，便会打破原有的欲望平衡状态，产生新的匮欠反应，产生新的欲望。比如一个人看到别人穿了一件新款时尚服装，或佩带一款新的首饰，或耳闻目睹了某人拥有了某件物品或某种令人歆慕的荣誉、地位，便会产生了自己也想拥有这些东西的欲望。要知道，在其尚未耳闻目睹到这些东西之前，他是不会产生这些欲望的。

一般而言，不同的人由于处于不同的境况，有过不同的经历、习惯、生活体验和人生观念，其不同的欲因会诱发不同的欲灶；不同的欲灶会产生不同的欲缺，因而也会产生不同的欲标；同样，面对不同的欲标，或关注的欲标侧重点不同，其针对不同的欲灶也会产生不同的欲缺。当然，不同的人在相同的境况下，遇到或关注到了相同的欲标时，他们产生的欲缺可能也是相同或相似的，所以也会很容易产生相同或相似的欲望。这也是处境或遭遇相同的人更容易产生共同语言，更容易达成一致的想法、意见、见解，也更容易形成志同道合、情投意合、一拍即合的凝聚力和团结力。

六、欲望的不同满足状态

欲灶揭示了欲望产生的根源和具体部位，这个根源和部位一般在于人的生理系统中某一脏器或肌体组织出现的某种影响其正常运转或影响其功能正常发挥的欠缺（包括障碍或能量变化等问题）。

作为生物个体，正是有了这种匮欠之后方才产生了填补这一匮欠的意志倾向——欲望。

这个匮欠总要在某个生理系统中发生，在某个生理系统的具体部位发生，这个发生点位即是欲灶。欲灶产生的匮欠一般总是有限的，这个限度就是由欲缺来界定的。欲缺体现了欲望的即时性匮欠状态，满足了这个欲缺所代表的底线欲望就会使人获得基本的生理平衡和心理平衡。但人对欲灶出现的匮欠反应常常具有自我夸大的效应，使得填充这个匮欠的欲望发生膨胀，形成远超过匮欠本身（即欲缺）的欲壑。

我们知道能量具有膨胀效应（或聚缩效应），这是客观意志的一种表现形式。欲望作为能量的一种特殊表现形式，也必然具有膨胀效应，换句话说，一切能量都具有膨胀属性，只要具有膨胀属性就具有欲望属性。

能够用来填充欲缺和欲壑的东西即是欲标。如果欲标的取值小于或等于欲缺，那么欲望所获得的这个满足仅仅是基本满足或接近于基本满足。这种满足可能缘于欲望人（产生欲望的人）的期待胃口比较实际或者比较理性，也可能缘于现实条件的资源所限而不得已的情况。

为了形象起见，我们可以把这个欲标想象成为一杆卷起的三角旗。

图 2-6 是欲标“三角旗”展开后可以全部或部分地填充欲缺示意图。这个图表明，欲缺与欲标的大小在理论上的绝对值应该是相等的，主体只要获得了这个欲标之后，其欲望就达到了基本满足状态。

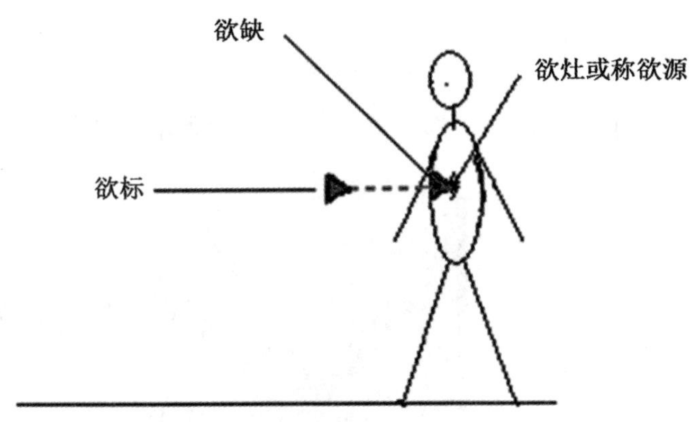

图 2-6　欲标“三角旗”展开后可以全部或部分地填充欲缺

图中的欲标“三角旗”只是相对于欲缺和欲壑的大小而对实际欲标资源的可供给量做出的一种形象化假定和描述，即其卷起或展开的三角旗面积之大小象征着欲标资源的可供给量的多少或可供满足的基本水平，而欲缺的三角形则象征着主体欲望自欲灶处产生匮欠后而朝向欲标的放大趋向。抖开或展开后的三角旗旗面是否能够正好填满欲缺或欲壑则存在着无数种可能性。

欲标“三角旗”抖开之后可以填充欲缺的情景如图 2-7 所示：

注释：图 2−7、图 2−8、图 2−9、图 2−10、图 2−11、图 2−12 是欲标“三角旗”展开后抵达欲灶的若干情景示意图。针对欲标是否能够填充或填满欲壑的情景，我们在此提供了六种典型的可能性描述。

图 2−7 表示欲望基本得到了满足（即欲壑基本被填充满格）。

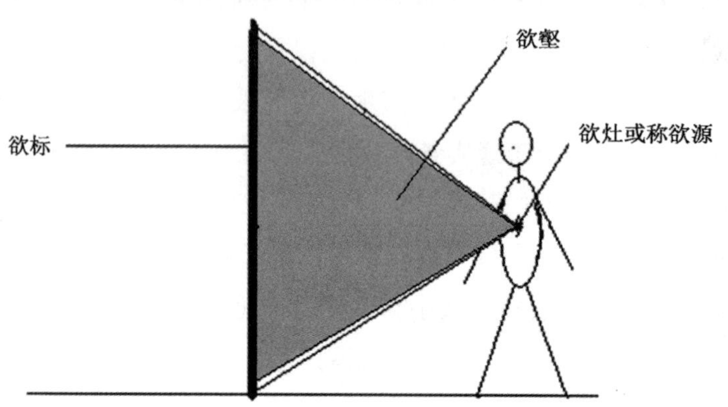

图 2−7　欲标“三角旗”展开后可以全部或部分填充和满足欲壑（一）

图 2−8 表示欲望得到了部分满足（欲壑被部分地填充）。

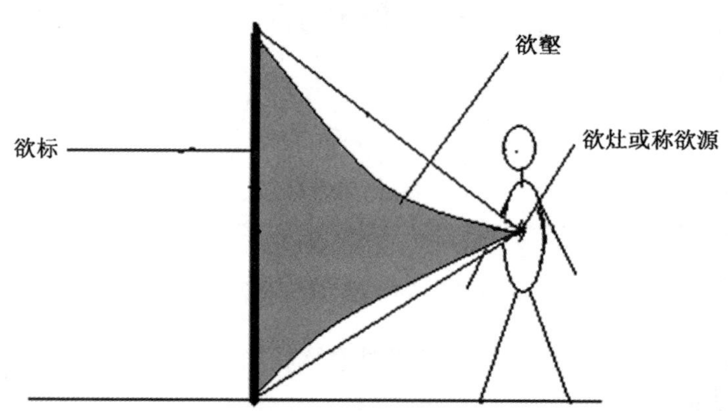

图 2−8　欲标“三角旗”展开后可以全部或部分填充和满足欲壑（二）

图 2−9 表示欲望获得了很少的满足（欲壑特别是接近欲灶的部分只获得了极少的欲标资源）。

图 2−10 表示欲望未能获得满足（欲标资源仅在欲壑外面飘动，并没有对接到欲灶，没有填充到欲壑之中）。

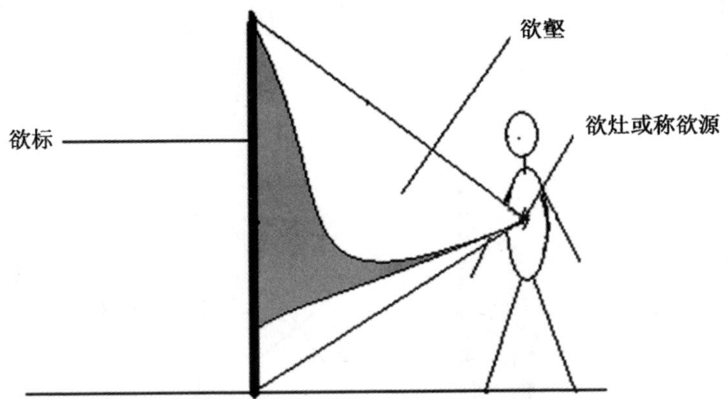

图 2-9 欲标“三角旗”展开后可以全部或部分填充和满足欲壑（三）

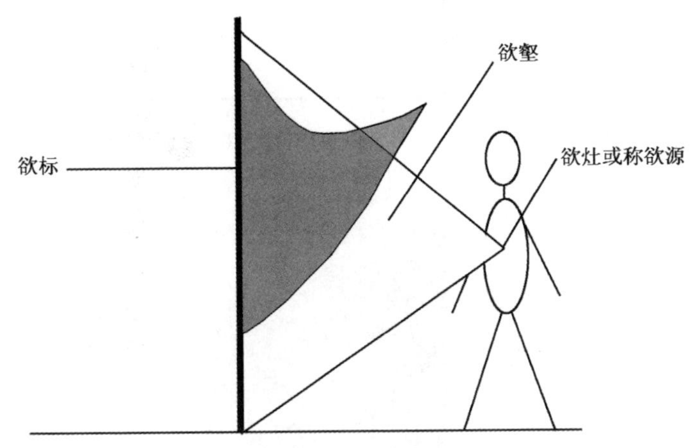

图 2-10 欲标“三角旗”展开后未能抵达欲灶的情景（四）

图 2-11 表示欲望未能满足并且也很难满足（欲标资源朝着欲壑的相反方向而飘动，或朝着其他欲望人而去，致使该欲望无法获得满足）。

图 2-12 表示欲望获得了超值满足（欲标资源完全填满了欲壑，并且还有较大的剩余部分）。

人类的欲灶起自于人体中的器官、腺体、感受器等通过信息传递对自身各种生理机能或功能的感受、感觉、感知、认知。因为每一个特定生理机能或功能都是来自于特定的生理系统的特定部位、点位以及与其相对应的大脑神经中枢的特定辖区，这样，我们对于欲灶就有了具体部位或点位的位置推断和界定。比如生理系统中有些肌体组织、器官部位可能会发生某种异常病变，医学上将这个肌体组织或器官部位称之为病灶。这个病灶就意味着病变的具体部位。我们同时还知道，要想治愈病灶产生的疾患，就必须做到“对症下药”和“对症治疗”。

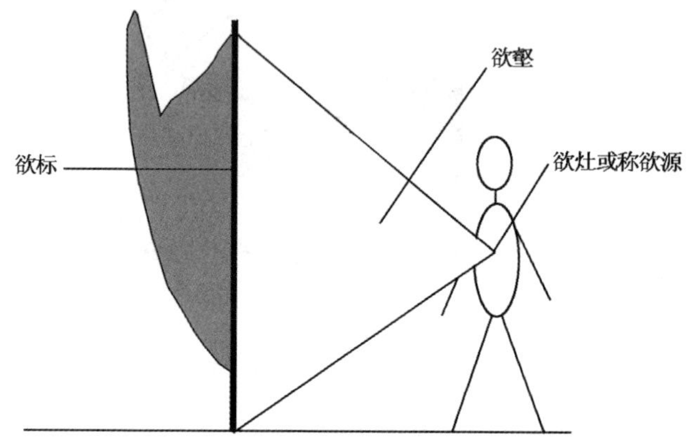

图 2-11 欲标“三角旗”展开后未能抵达欲灶，且不能填充欲壑（五）

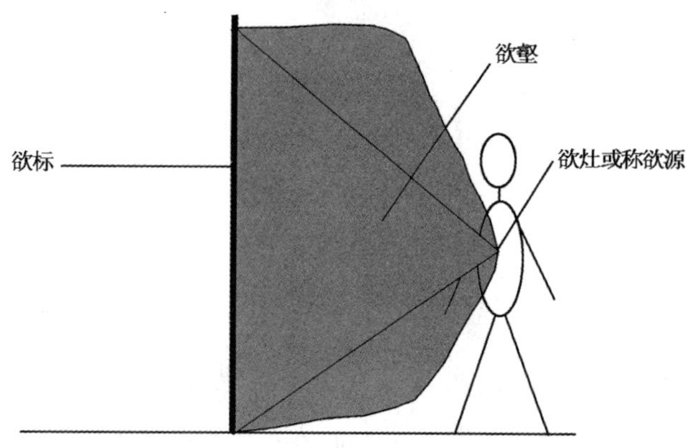

图 2-12 欲标“三角旗”展开后超值填充欲壑

对欲灶和由欲灶产生的欲望而言，欲灶发生匮欠后用来填充或满足匮欠的东西也必须是“对症”的欲标和“对症”的方法。这就是说，欲标与欲灶存在着必然的对应关系。什么性质的欲灶，就必对应着什么性质的欲望和什么性质的欲标。食欲的欲灶对应着食物的欲标，性欲的欲灶对应着性器的欲标，安全欲的欲灶对应着用以解除相应危害的保障性欲标，尊重欲的欲灶对应着可以解除不被人尊重之感受的精神性欲标。

七、欲望的其他指标及其关系

同一种欲望对不同的欲望人而言，产生反应的敏感程度和激烈程度也都会有所不同，即对主体情绪和行为产生的影响程度具有很大的区别。这其中的原因，除了欲望主体生理上存在的诸如腺体特点及其分泌物、血质、血型特点等物质能量性因素所造成的差异外，主要还在于与欲望有关的诸多指标有所不同。

图 2–13 是欲望系统相关概念示意图。除了欲望产生的四要素之外，我在这里还要介绍几个与之相关的概念，包括底线欲望、欲高、欲值、欲程等，并以图示的方式对每一个概念进行了形象化的解读。

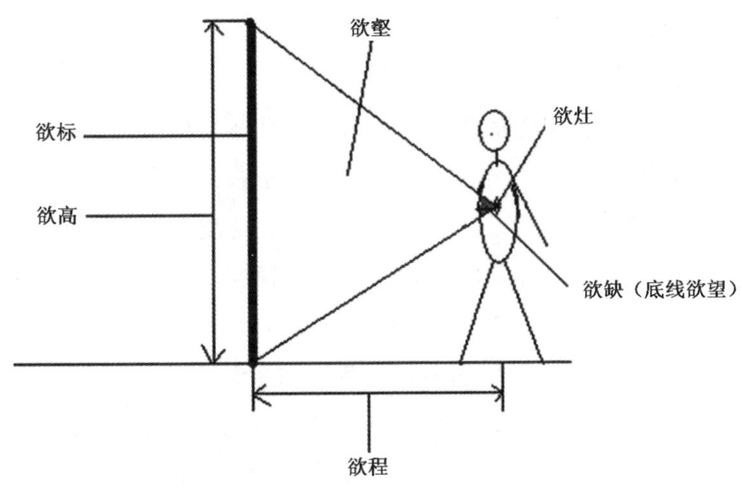

图 2–13　欲望系统相关概念示意图

从图 2–13 中可见，底线欲望（阴影部分）指的是等值等效于欲缺的实际欲望，所针对的是在欲灶部位产生的匮欠本身。只要填补了这个匮欠，欲望也就消失了，主体即进入欲眠状态。其他除了欲灶之外的要素也都随之消失了。

欲壑。欲壑指的是包括底线欲望部分和沿着欲缺上口方向放大部分的整个三角形内容。由于底线欲望产生后具有自我放大效应，导致这个代表欲壑的三角形远远大于欲缺本身，这就是所谓的欲望膨胀。底线欲望是相对于欲壑而产生的概念，因为欲壑总会因为欲望的自我膨胀效应而无节制地加大，这就使欲缺常常出现难以自持的尴尬，以致在自我意志上因受到欲壑的夸大的蛊惑和影响而出现无法坚持对底线欲望的保守态度和中肯立场。

欲高。欲高指的是对欲标的期待高度，亦即欲望主体对欲标水平的整体要求。欲高包含欲标的体量、质量、数量、价值、用途、获取方式等多方面内容期待。合宜的欲高等值于可用来满足欲缺的欲标，即底线欲望的欲高标准，低于此标准为欲望偏低，高于此标准为欲望过高，这时的欲高实为欲壑所对应的体量或数值。通常我们说某某人“欲望太高”或“欲望不高”主要就是针对欲高而言的。欲高是一个人对欲标在属类上、数量上、质量上和兑现方式上的综合期待水准。同一个欲标很难符合每个人的要求或胃口，正所谓“人有不同，口味各异”的众口难调现象就是个体欲高参差不一的反映。

比如，人们为了满足食欲，有人期待的目标是鸡鸭鱼肉，有人期待的目标是米饭馒头；有人期待的数量是半斤左右，有人期待的数量是八两上下，有人期待的是纯绿色食品，有人对此则没有特别要求；有人期待的是一顿饭的标准，有人期待的是一日三餐的标准，有人甚至期待的是一个月、一年或者更长的时限都能达到某类标准。这就是说，同一欲标并不能满足所有人的欲望，这种现象我们称之为欲望的众口难调效应。众人的欲望就像一个万花筒，异彩纷呈，各求其是，各得其所。

欲充。欲充是业已填入欲缺之中的实际欲标数量。欲充与欲缺的关系就像中国古代建筑中的榫卯结构一样，欲缺如同榫槽，欲充如同榫头，而且是已然楔入榫槽之中的榫头。欲充与欲标也有不同，欲标虽然对应于欲缺或欲壑，但却置于欲缺或欲壑之外，相当于未楔入榫槽之中的不在场的榫头，而且只关乎属类关系是否对应，而不关乎数量和大小是否合宜。欲缺是主体发生的实际匮欠之大小，欲充是填入匮欠的实际填充物之多少。当匮欠被填平之后，欲缺与欲充在容积上是完全等值的，而当二者等值之时，匮欠已然消失，而欲望趋零。但在实际生活中，只要有欲望存在，二者就不可能是等值的。当欲充只填充了部分欲缺时，匮欠依然未被消弭，欲望虽有所变小，但依然存在。

欲值。欲值指的是欲标的相对价值，即相对于匮欠的实际水平而显示的欲标价值。欲值一般是由欲标的效用性和稀缺性决定的。比如馒头对于食欲的满足是有用的、有效的，稀缺时其欲值就高，不稀缺时就低。欲值在社会上表现为外在欲标的市场价格。

一个人在炎炎夏日去爬山，在山顶上处于极度焦渴状态，看到有人在卖汽水，价格为100元一瓶，是正常市场价的5倍，他渴得口干舌燥，眼冒金花，哪里还顾得上讨价还价，恰好包里有100元钱，他全部拿出来买来汽水喝了起来，虽然没有完全解渴，却也得到了一定程度的缓解，这时他朋友赶过来了，又借给了他100元钱，让他再去买一瓶汽水接着喝，他犹豫了，觉得这汽水着实有点太贵了，决定下山去买更便宜的汽水。——从这个决定中，我们发现这个人心目中对于汽水价值高低的界定和认同，是与他的欲望匮欠度有关的。在极度匮欠之时，他心目中对于作为欲标的汽水的价格可以认同为100元一瓶，当喝掉一瓶汽水并使这瓶汽水成为欲充之后，外面作为欲标的汽水价格在他心目中被贬下来了。

这说明，对于欲望主体而言，欲值是外在的欲标抵减内在的欲充之后所剩的差值，而并非直接等值于外在欲标的市场价格（这个价格有时能够被主体接受，有时不能被主体接受，原因就在于它同时也受到主体欲望驱力的影响）。欲高与欲值不同之处在于前者代表了对欲标的整体要求，后者代表了欲标的相对价值。我们说某人的“期望值太高”或“期望值不高”之类的话，通常主要是针对欲值而言的。

从欲望系统以上各元素之间的关系上看，欲缺相对于已经被部分填充的状态，其所缺少的部分也存在大小高低长短多少之分。欲标与欲缺就像水与杯之间的关系，杯子的高低大小决定了其容积的大小，也决定了用多少水能够填平装满这个水杯。杯子的高低大小或整个容积所需要填满的水量就相当于欲高。已经装入的部分叫欲充，即欲缺中已经被填充的部分。尚待填充的部分还在空置着，称之为欲缺，即实际匮欠部分（当然，这个代表匮欠的欲缺和代表弥补匮欠的欲充都是运动着的和变化着的）。如果里面装着 2/3 的水，即欲充为 2/3 时，那就意味着尚有 1/3 的欲缺，但一个人为了满足这 1/3 杯水的欲缺，却可能想要更多的水，那么这个更多的水即成为其欲标，其所对应的匮欠即为欲壑，这个欲标抵减欲充的差值就是欲值。

欲强。欲强指的是欲望的强度，亦即欲望的强烈程度，简称欲强。通常可以形象地理解为欲望内在匮欠的强烈度或欲望外在目标的诱惑度，而且欲强还与个体的生理环境、心理环境、精神状态以及外部环境影响、社会价值标准等特定指标有关联，这就使得同样的匮欠或目标在不同个体中存在着一定差异性。我们知道，单位面积内的压力等于压强。与此相类似，单位欲标占有量所对应的匮欠程度等于欲强。欲强代表了主体对欲望的生理或心理承受力和目标诱惑力的感受程度或担当程度。人们在产生或曾经产生过匮欠的条件下，总要对于匮欠所造成的不利事件有所担当，也总要对有利的目标充满期待，并因此产生与匮欠担当力或目标诱惑力大体相当的内驱力、承受力或控制力。一般而言，所感愈重，所知愈多，所通愈广，所思愈深，欲强愈大。

比如对于一个目标了解愈多，知之愈明，则愈能产生对该目标的知性欲望。由此可以得出欲强的计算公式：欲强 = 欲缺 / 欲标。即欲强与欲标成反比，与欲缺成正比。在欲缺一定的情况下，欲标愈多，则欲强愈小，在欲标一定的情况下，欲缺愈大，则欲强愈高。在实际计算中，欲缺取值为实际匮欠度，欲标取值为既有资源量。当欲缺等量于欲标资源时，欲强 =1，这时的主体处于供需平衡状态，也是未能体会到压力的状态；当欲强＞1 时，意味着欲缺大于欲标资源量，欲标资源不能全部满足欲缺，这时的主体处于欲标资源供不应求的非平衡状态；当欲强＜1 时，意味着欲标资源有一定的剩余，主体处于欲标资源绰绰有余的超平衡状态。欲强越高，实现或满足欲望的内在驱力越大。但欲强过大，或者意味着匮欠度超过了主体的正常承受力，或者意味着目标诱惑力超过了主体的正常承受力，这两种情况都会引起主体行为进入不正常状态。

比如有的人越是急切地想达到某一特定目标，越容易出现偏差或发生错误，反而使目标与自己失之交臂。所谓“压力大，出偏差”，“压力小，轻飘飘”，指的就是欲强与行为之间存在的一种特殊效应，我们称之为欲强效应。一般情况下，当欲强值在0.5～0.7之间，表明个人为某一目标奋斗与拼搏的压力较为明显，驱动力较大，但还不至于被压垮，既有足够的驱力、动力，又有思维与行为的相对准确性保证。否则，大于这个区间，压力过大，就会导致战前失眠、行为怯场，心慌意乱，手足无措，举止失当；小于这个区间，则会导致行为怠惰，不以为然，上场轻敌，马虎大意。所以，我们把欲强值等于0.5～0.7的区间叫做欲强效应适度区间。在实际生活中，欲强代表了欲望的匮欠度、诱惑力、压力感、紧迫感、强烈感，可以理解为欲望的饥渴程度、痴迷程度、重视程度、期待程度，欲强决定追求欲望过程中的决心、恒心、毅力、勇气、志气和顽强程度。

为了简化欲强的概念，我们也可以这样界定：主体对一定欲缺不能获得满足之压力的切身感觉或感受即为欲强。从这一概念看，欲强是对人类行为动机的驱力之大小所做出的标准性认定与评价。针对某一特定的欲标，合理的和适度的欲强有利于激发积极的思维和行为，有利于产生理想的和正确的结果。否则，欲强过强或过弱，都可能会导致人的思想和行为发生懈怠和沉沦。欲强效应体现了欲强、行为（包括思维）与欲望结果之间的相宜与适度关系。

欲应。欲标与欲灶的对应关系。一个特定的欲灶总要对应于一个特定的欲标，反之也是如此，一个特定的欲标，也总是对应于一个或几个特定的欲灶。如果没有或失去这种对应关系，欲望便不会获得满足。

欲比。欲充与欲缺之间的比值为欲比。公式为：欲比＝欲充／欲缺。欲比为1时，表明欲望刚好获得满足，匮欠被填平，欲望消弭或进入欲眠状态，人的生理或心理获得了平衡，这时的欲缺既然被填平了，就说明它也不复存在了，欲缺趋于零。而这时的欲充呢，这时的欲充已经把欲缺填满了，欲缺不存在了，欲充也就没有了存在的意义，因此也趋于零。虽然欲缺和欲充都趋于零，但毕竟不等于零，说明人体或精神始终处在运动状态，生活在客观环境中的人，始终处在生理能量的不断消耗或心理感受的不断变化之中。所以，其欲缺和欲充是不可能达到绝对等于零的状态，一旦达到此等状态，人也就呜呼哀哉了。

欲比也可以设定为人类幸福指数的取值区间，当欲比 <1 时，表明主体正处于匮欠状态，欲望有待进一步寻求满足，而且欲比越小，欲缺越大，匮欠越深，欲望越强（即欲强越大），在此条件下，欲比越是接近于 1，欲望主体的幸福指数越高，社会危机指数越低，而越是小于 1，欲望主体的幸福指数越低，社会危机指数越高；当欲比 >1 时，表明欲充过度，已超过起码的需求，一般是欲望主体多吃多占造成的，此期欲望主体的幸福指数超过常人。

欲平。欲平是指欲缺刚好被填平的状态。此时，欲望消弭，并进入静止休眠状态，原欲望发生和满足过程成为记忆。

欲疣。欲疣 = 欲壑 − 欲缺。欲疣是相对于欲望者的实际匮欠而被放大的欲望部分。欲缺作为欲望之匮欠，必须用特定的和足够的欲标来填充，填到平满状态，就会使欲望消弭。但是，由于欲望之匮欠带来的不舒适感会留下深刻的记忆，即便欲望获得满足后已消失，却也常常借助记忆不断表现出来，并以欲疣的形式影响欲望者的行为、情感和意志。比如，一个人在吃饱喝足之后，依然做着秋收冬藏的食物储备工作；即便性欲获得了满足，也依然对爱人依恋不舍。如此等等，都是欲疣在暗暗发挥着特定的驱动作用。

欲程。欲程指的是作为欲望人抵达欲标并获得欲标以实现欲望满足的整个行为过程和经历过程。欲程不能简单地理解为直接距离。这个过程通常是曲折而复杂的，有时也可能是直接而简单的。在欲望系统相关概念示意图中，欲程表示为欲望主体到欲标之间的直线距离，实质上二者之间并非是一条直线。这里暂时还没有更好的办法用图示来说明而已。

欲尺。欲尺指的是满足他人欲望的尺度。社会管理者或企业管理者针对某个特定的群体或个体通常只能设定一个统一的欲望标准给予不同的人填充相应的欲缺或欲壑，以便在某种程度上满足某个特定个体或群体的欲望。这个用来满足某个特定个体或群体欲望而统一设定的欲望标准，我们称之为欲尺，即欲权人用来满足欲望人的欲望而给欲标设定的尺度。欲尺一般以众人平均欲高为标准，以达到特定个体或群体的期望值为最佳。欲尺在更多的时候是欲权人或管理者给欲望人或被管理者设定的准入门槛，目的是对他们施加有效的控制、激励和管理。

欲难。欲难指的是欲望实现或获得满足的难易度。有些欲望实现或满足的难度很大，有的比较容易。欲难的大小取决于很多因素，比如智力因素、能力因素、政策因素、机缘因素、环境因素（包括自然环境和社会环境）、身体因素或其他客观物质条件因素等等。

欲阻。欲阻指的是欲望实现或获得满足过程中可能遇到的各种阻力、阻碍、障碍。

欲联。欲联是指欲望实现或获得满足过程中除目标填充物之外而牵扯或涉及的人、事、物等对象性联系。欲联太多、太复杂，导致要通过太多间接关系才能与目标填充物对接，则实现或满足欲望的难度就越大，欲联少或欲联简单直接，实现或满足欲望的难度就越小。欲联分为正欲联、零欲联和负欲联，正欲联指的是有正面倾向的、积极与该欲望相呼应的、努力帮助主体实现欲望的欲联，负欲联指的是负面或反面倾向的、消极的、阻碍该主体实现欲望的欲联；零欲联指的是没有任何正负倾向的欲联，这类欲联有时会成为欲望主体、正欲联或负欲联争取的对象。

欲槛。欲槛是指欲望实现或获得满足必须跨越的门槛或条件。欲槛越高，欲望越难以实现，欲难越高；欲槛越低，欲望越容易实现，欲难越低。就单一欲联而言，其欲槛高，欲难也高；其欲槛低，欲难也低。同样，欲联越多，欲难和欲槛也越高，欲联越少，欲难和欲槛也越低。

欲域。欲域是指欲望实现或获得满足必须涉及或跨越的空间大小或区域大小，有的欲望只能通过完成一次或多次大空间区域性活动才能实现或获得满足，这个空间区域的大小直接关系到欲望实现的难度。

欲期。欲期是指欲望实现或获得满足必须经历的时间周期。欲望实现或获得满足需要经历的时间越长，则欲难越大，反之则越小。

欲情。欲情是指实现或满足欲望需要具备的各种客观性社会关系条件的合情性，即来自社会方面的意愿性配合、呼应或迎合程度，或来自对方和相关方的情感认同度和心态倾向性。比如一个人搞对象，需要对方的情感认同和意愿倾向，甚至最好也有彼此父母及亲朋好友的认同、支持、帮助和鼓励。如果对方在情感意愿或心态倾向上不支持，甚至是相反的，那么这个人追求对象的欲望，满足或实现起来就会困难重重，欲阻会很大。否则，欲阻就会较小。比如某人希望依靠总经理提拔重用，但总经理对此人很反感，很厌恶，这个人得不到总经理情感和心态上的认可，因此指望被提拔重用只能是一厢情愿的空想。

欲理。欲理是指实现或满足欲望需要具备的合理性，即实现或满足该欲望必须合理，符合一定的道德、道理、法理、情理、伦理、规则、程序、秩序，符合现实情况，符合大多数人或关键人物认同的常理。在理上具备条件，符合标准，被社会认同，这样的欲望就具备了合理性，其欲阻就会较小，否则就会较大。有的人的欲望在欲理上太离谱，比如某人在一个小单位里连一个普通工长都做不了，做不成，做不好，却渴望自己能够做总统，或者连一句外语都不会，却希望自己去做外交官，这些都是不符合欲理的。不符合欲理的欲望都是不合理欲望。

欲基。欲基是指欲望实现或获得满足不可或缺的基础或条件。包括物质条件、身体条件、心理条件、素质条件、知识条件、专业条件、技能条件、社会条件、经验条件等各方面基础性条件。条件不够，基础不实，实现或满足欲望的可能性就会减弱，欲难就会加大。

欲余。欲余是欲标资源满足欲望之后的富余部分。欲余可以转化为商品，并最终成为其他人欲缺的消费品。

通过设定以上这些概念，不但有助于我们更好地和更全面地理解欲望及其构成方式，也有助于我们对某些欲望的各项指标进行一定程度的理论推演和计算，从而用严谨的数据形式更精准和更科学地解读人类的欲望问题和行为问题，并为后学者对欲望动力心理学的深入研究做出有形有质的理据铺垫。

第三章　欲望获得满足必备的三要素
——欲望通过满足回归自我并衍射社会

欲望的产生不是孤立事件，不是无缘而起，同样，欲望的满足也不是静待天上掉馅饼、一伸手一张嘴就能达成的。我们已经讨论过，欲因、欲灶、欲缺、欲标是欲望产生和形成必备的四要素。有了这四个要素，只能意味着欲望藉此产生了，但还未能进入欲望满足程序，这就使我们对欲望的研究工作还不能就此终止，还有更为关键的环节等待着我们去对接和延伸。

如何实现或满足欲望不是痴心空想出来的，而必须经历一定的程序、环节、步骤、方法，对此，我们提炼出了欲望获得满足必备的三要素，即欲行、欲法和欲果。

一、欲行

所谓欲行指的是由自身欲望驱动的各种行为反应。任何欲望一旦产生便会驱动大脑神经中枢支配躯体产生与之相应的行为。负欲望产生负情绪，也产生负行动；正欲望产生正情绪，也产生正行动。光有欲望没有行动，欲望是不可能实现和获得满足的。

正像一块平地上出现了一个坑洼，如果没有取土填埋的行动的话，这个坑洼是不可能自动填平的，即便是靠大自然的力量来填平，也是必须要有一个地震山崩或刮风下雨之类的运动的过程。

欲望是人一切行为的根本驱动力，是一切行为的内在动机。或者说，人的行为是为欲望服务的。一个特定的欲望总要产生一种特定的想法、一种特定的情绪、一种特定的心理。当然也总要产生一个特定的行为，这里的行为不限于肢体行为、语言表达行为，甚至也包括大脑思维活动。欲行是欲望的落实、兑现和执行的过程，是对欲望的表达方式、表现方式或实现方式，也是欲望从人的主观世界中外化于客观世界的具体体现。

一个人产生什么样的欲望，便会产生什么样的行为。这同时也意味着，一个人行为的变化，也缘于欲望的变化，比如某种行为终止了，可能意味着驱动这一行为的欲望已经得到了满足；或者因为这一欲望所需要的满足时间过长，并非通过一蹴而就之功便可以实现的，行为终止可能仅仅是暂时的休憩；还可能是因为存在欲望倾轧效应，最初孜孜以求的某种欲望不得不被另一种更重要的欲望倾轧下去。

这样，前一种欲望所驱动的行为便暂时搁置下来，而另一种更重要或更强烈的欲望所驱动的行为便外现出来了。一般地，我们知道自己的行为变化机理或原因，却很难知道别人行为变化的内在动机，这是动机理论在社会实用性方面难以突破的瓶颈。但我们依然认为，人的一切行为都来自于欲望的驱动，没有欲望的行为就跟没有头脑的行为一样，对这个人本身而言是毫无意义的。

二、欲法

欲望通过欲行寻求实现并获得满足。但欲行不能是盲目的行动，而是有目标、有策略、有方法、有能力的行动，这就离不开欲法这个要素来指导行动和规范行动。

欲法即是实现欲望或满足欲望所能采取的方法、策略、手段、技能、形式或程序，没有这些方法上的指导和规范，欲行就会变成盲目的行动。

盲动的欲行对欲望的实现或者满足不但是无益的，有时甚至还是有害的。

即便发生无意中撞见好事这种“瞎猫撞上死耗子”的非常规的情况，那个好事可能与行动的欲望初衷也多半不能划等号。

如果说，欲望事关一个人的世界观问题，那么，欲法就是事关一个人的方法论问题了。拥有正确的世界观和正确的方法论才能指导人们产生正确的行动，才能获得正确的和良好的人生结局，这当然是传统的哲学问题，也是被大多数人奉为圭臬的信条。

但是，如果我们从欲望学原理上看，这种哲学理论其实并没有追溯到人生的本质属性问题，并没有从更深的层次上解决人生的方向、行为的方法等根本问题。只有欲望学理论才抓住了人的根本属性，并从人的根本属性出发发现问题、分析问题和解决问题的。

三、欲果

有了欲行和欲法，就必然会产生一个现实结果。这个结果有时可能是令人满意的，有时也可能是令人不满意的。我们把欲望通过一定的欲行和欲法而产生的结果称之为欲果。欲果是欲望的满足形式、满足程度和满足结果的最终体现，是一种欲望经过满足程序而变现的既成事实，也更是欲望的主观精神世界演变为客观的现实人文世界的终极体现。

一个企业希望年利润突破 1000 万元，年终结算时，可能是 −100 万元，也可能是盈利 500 万元，或正好达到了 1000 万元的目标，或者超额达到了 1200 万元，不管是哪一种情况，都是这个企业的欲果。一个建筑商从设计规划到建筑施工，最后建起了一座高楼，那么这个固定在地面上的高楼可能就是这位建筑商的欲果，或者他把这个欲果当作一种赚钱牟利的手段，而把最终赚取的一定数额的利润作为欲果。

欲果是一个相对性的概念，相对于更深层次的欲望，某个表层欲望可能就是过程中间的程序或手段。当然，建筑商这个欲果可以是满意的、半满意的或不满意的，甚至只画了一张图纸而没有进行实际建设，这些都不要紧，不管怎样，只要他按照某种方法施加了一定的行动而留下了某种事关欲望满足的某种人文痕迹，便都是他的欲果。

四、欲望系统各要素之间的关系

针对不同的欲望，其欲因、欲灶、欲缺、欲壑、欲标、欲行、欲法和欲果存在很大的差别。我们针对这些差别可以了解它们之间所存在的特殊关系。

食欲的欲因是生物体运动过程中导致的能量消耗，食欲的欲灶是消化器官中事关消化机能的感受器及与此相连的神经中枢中的相应脑辖区，食欲的欲缺是饥饿造成的实际匮欠，食欲的欲壑是饥饿感被自我夸大造成的膨胀效果，食欲的欲标是食物，食欲的欲行是获取食物和食用食物的行为，食欲的欲法可以是种植作物、狩猎、购买、掠夺、制作加工等方式、方法、手段以及对于各种工具的使用方法，食欲的欲果是获得满足的程度在现实中的具体体现。

性欲的欲因是性激素通过性腺而促使性器官产生的性冲动，性欲的欲灶是性生理器官中对性机能运转程度的感受器以及与此相连的神经中枢的性欲辖区，性欲的欲缺是性饥渴的实际状况，性欲的欲壑是性饥渴被自我夸张的膨胀效果，性欲的欲标是可以满足性欲的异性的性器官或身体，性欲的欲行是寻求性爱目标的具体行为，性欲的欲法可以是找对象、谈恋爱、娶媳妇等人间正道的方法，也可能是私通、嫖娼、强奸等歪门邪道的方法，性欲的欲果是性满足的成功或失败的结果。

一个人安全欲的欲因是客观世界所存在的影响、妨害和制约自身生命、生存的一些安全性事件以及神经中枢中对相关安全因素有所警觉的特定辖区，安全欲的欲灶是自己的身体及生理功能运转状态，安全欲的欲缺是难以保证自身完好状态的不安全因素，安全欲的欲壑是各种危险因素对于自身安全所构成的各种可能性的威胁状态，安全欲的欲标是保证自己始终处于安全状态，包括资源供给安全、居住环境安全、生命财产安全、自然环境安全、社会环境安全等等。安全欲的欲行可以是寻求资源、保障供给、盖房搭屋、改善安全环境等各种具体行为，安全欲的欲法是获得欲标的方法、措施和手段，安全欲的欲果是其欲行完成之后所获得的客观效果。

尊重欲的欲因是社会人与人之间存在的伦理互动关系或对这种关系的认知观念和标准，尊重欲的欲灶是神经系统中对自我生理性存在和社会性存在产生认同感的感官部位以及与此相连的神经中枢特定辖区。尊重欲的欲缺是自身在社会上遇到了不被尊重的尴尬感、抱憾感、被冷落感或失落感。尊重欲的欲壑是不被重视的抱憾被自我无限夸大的膨胀效果，尊重欲的欲标是提升自我价值、赢得他人尊重，并让自己获得高贵感受的人际事件。尊重欲的欲行是把实现尊重欲的欲标落到实处所涉及到的一切行为。尊重欲的欲法是获取尊重的方法、措施和途径。尊重欲的欲果是通过各种方法和行动而在社会上受到尊重的程度、境状和真实感受。

价值欲的欲因是自我在社会上存在的重要性或意义，即人生意义或对他人的基本用途。价值欲的欲灶是神经系统对自我社会性存在意义和身价的认同感以及与此相连的特定神经中枢辖区。价值欲的欲缺是自己在被他人重视的程度或分量上愧不如人的境况。价值欲的欲壑是自我对愧不如人之境况的无限夸大的膨胀效果，价值欲的欲标是可以实现自身较高价值的若干事件。价值欲的欲行是为提高自身价值而付诸的具体行动。价值欲的欲法是提高自身价值的各种选择、各种方式和方法。价值欲的欲果是通过欲行而在社会上获得的实际身价。

这说明，同一个欲因或欲灶也可以产生不同大小的欲缺、不同期待值的欲标、不同形式的欲行、不同效用的欲法和不同结局的欲果。

我们说欲灶本源于人的生理系统中某个具体部位及其神经感受器，这是从深层次的纯生理学的意义上归纳欲望产生的位置。但是，如果我们从欲望动力心理学的基点上浅层次归纳欲灶的产生原理，我们还可以发现另一种现象的存在，对于那些从基本欲望（也即一个人的本能性生理欲望）中延伸出来的衍生欲望，其深层欲灶可能是其本性欲望本身的欲灶，如权力欲、控制欲、占有欲等等都是一个人的食欲、呼吸欲、性欲、安全欲、保护欲等本性欲望不断延伸的结果，这些延伸欲望的欲灶有时也是这些本性欲望本身的欲灶。

食欲、呼吸欲、性欲、安全欲、保护欲都可以产生针对不同欲标的占有欲、权力欲或控制欲。

这样看来，很多衍生欲望有时不止一个欲灶，如控制欲，可能拥有包括食欲、性欲、安全欲、权力欲、占有欲等多个欲灶的集成，正因为某个欲望可能含有多个欲灶，也就决定了某个欲望也会含有多个欲壑、多个欲标、多种欲行、多种欲法和多个欲果。实现了控制欲，那么，其他很多欲望也便都可以获得满足和实现的可能性，包括食欲、性欲、安全欲、价值欲、尊重欲等等，都可能一并获得不同程度的满足。因此这种这种兼有多个欲灶的衍生欲望一般也多是高级欲望。

权力欲的产生与形成的原因，可能是饥饿的欲缺或欲壑、性饥渴的欲缺或欲壑、不安全的欲缺或欲壑、不被尊重的欲缺或欲壑的混合体；权力欲的欲标除了某个权力职位本身意味着的价值感、尊重感和荣誉感，还包括这个权力所占有的物质性资源、政治性资源、人际性资源等等。越是高级欲望，其欲因越复杂，欲灶越多，其欲缺或欲壑越大，其欲标越高，其欲行、欲法和欲果也越多，越繁复，实现起来也越艰难。

一般而言，欲望的欲因、欲灶和欲缺或欲壑必是一种事实存在，而欲标、欲行、欲法和欲果有时可能会变成事实性存在，有时却深藏于心，自始未付诸行动也是有的；也有时虽然有了行动，却未必会有最终的欲果。比如之前提到过的一个人希望见到外星人的例子，这个欲望的欲因是宇宙中存在着的浩瀚的星际空间给人带来的各种遐想，这个欲望的欲灶是以其神经系统为主导的信息系统所统辖的好奇心和求知欲的蛊惑，欲缺是从未见过外星人的缺憾，欲壑是争取能够见到很多外星人或不同星球上的外星人，欲行是四处打探和寻找外星人的行动，欲法是寻找外星人的方式方法，欲果是最终并没有见到外星人。但欲标是否存在，虽不能确定，但却存在于这个人的想象之中，这个想象中的形象也可以成为欲标，尽管是虚拟的欲标。

这就是说，欲望的形成离不开欲因、欲灶、欲缺、欲标这四个要素。而欲行、欲法和欲果则是欲望产生之后为实现这个欲望才可能出现的后续三要素。

欲标满足欲缺一般存在三种情况：一是欲标资源正好填平欲缺，这种情况只是欲平状态；二是欲标资源超过欲缺容纳标准，填充后有所剩余，这种情况属于欲超状态；三是欲标资源少于欲缺容纳的标准，欲缺不能全部被填平，这种情况仍然属于欲缺状态。那么，哪种情况才算使欲望达到满足了呢？

在人类欲望系统中，欲望满足有绝对满足与相对满足之分。自己心理完全受用、完全认可的填平欲缺状态就是绝对满足，即便是所获得的欲标少于欲缺或欲壑容纳的情况，对有的人来说，特别是有些人在横向比较中发现另一些人还不如自己获得的多，可能也会达到自我满足状态。自己心理未完全认同、未完全受用的被填充状态，即是相对满足，即便是第一种达到了欲平的状态，甚至第二种达到了超值满足的状态，对有的人来说，特别是在横向比较中发现还有其他人比自己获得的多的情况，那就很可能感到仍然不是很满足。当然，这里所说的满足，主要指的是满足感，而非匮欠的实际填充水平。

所以，满足或不满足只是一个相对概念。比如一个人的食欲以一顿三个馒头一碗汤的标准即可达到欲平状态，但这并非就是他的欲高，他可能会期望获得四个馒头两碗汤的超欲平标准才算满足，或者期望获得足够填充欲壑的鸡鸭鱼肉的高级口味标准达到欲平状态。但通常情况下，一个欲望并非以达到欲平状态即为满足，这主要取决于一个人的欲壑或欲高。我们通常说一个人欲望很高，就是指欲高而言的；我们通常说某个人欲望很大，就是指欲壑而言的；我们通常说某个人欲望很强，就是指欲强而言的；我们通常所说的期望值，就是指欲值而言的。

上面已经提到，没有欲行和欲法，也就不会产生欲果，即欲望是不可能实现的。正如有好的愿望，如果没有行动和方法则只能是空想。

欲因、欲灶、欲缺、欲标、欲行、欲法和欲果这七个要素，构成了完整的欲望系统，也构成了欲望产生与实现、发出与反馈的完整循环过程。

当然，欲因、欲灶和欲缺并不具备智慧含量、理性含义或精神意义，但一个人对欲标、欲行和欲法的选择与控制却必须具备理性的智慧，并借助理性的智慧而逐步攀升到精神的层面上来。因为只有理性地看待欲因、欲灶和欲缺，才能理性地对待欲望和理性地对待自己以及理性地对待他人。而且，只有选对了欲标，并选对了欲行和欲法，欲望才有可能实现和获得满足，才有可能产生令人满意的欲果。否则，欲标选错了，欲行不对路，欲法不对头，所获得的欲果也不可能让人满意，亦即欲望不可能圆满实现。比如性欲选择的是一位对自己根本不感兴趣和根本不予配合的欲标，其性欲的满足也就不可能实现。

但是，欲标选对了，如果不付诸欲行，或者欲法不正确，或南辕北辙，或偏离方向，或半途而废，也同样无法获得满意的欲果，无法完美地实现欲望的满足。如一个人要实现权力欲，但在行为上却不检点，偷盗抢劫、坑崩拐骗无所不为，官没有当上却被警察逮住送进了监狱，这个人针对权力欲的欲标所展开的欲行和欲法显然是错误的，因此其欲果也不可避免地是一个恶果，是一个不好的欲望满足形式，这就意味着其终极欲望也是不可能实现的。

而选择欲标、欲行和欲法的过程即是一个充满理性思考的选择过程和自我调节、控制的行为过程，这就涉及到欲望与智慧、与意志、与能力等因素有关的条件了。

欲望的欲因、欲灶、欲缺（包括欲壑）和欲标具有一定的隐蔽性，可以诉诸他人，也可以隐藏在心中不予外露。

但欲行和欲法必须表现在行为上，这种行为分为两个阶段：一是内心谋划阶段，二是外在行动阶段。

内心谋划阶段发生的事件是可以通过大脑储存器的记忆功能隐藏在心里的，外在行动阶段发生的事件是通过反射弧效应器的执行功能以不同的形式暴露于外的。因为一个人或一个组织的欲行和欲法必须要靠语言、肢体、表情等外在活动与客观对象实现有效对接来完成。所以，我们在观察或考察一个人或一个组织的具体欲望时，大多可以通过外在行动阶段的欲行和欲法来判断其欲望指向（即目标或目的）。即便刻意隐藏某些欲望，也难免有暴露于外的事件发生。哪管用声东击西或明修栈道暗度陈仓的假象伪装，也无法完全实现其行动的保密性。人常说：若想人不知除非己莫为。若果真不为，就意味着没有欲行这个重要的环节，其欲望就无法实现。

当然，我们还可以通过判断一个人欲因、欲灶、欲缺（包括欲壑）的办法来推断其欲望指向和欲标所在，这就需要对这个人有更深的了解，包括对其生存现状的了解、对其处境的了解，等等。只有知己知彼，领悟自己，洞悉他人，特别是竞争对手或敌人的实际境况，我们才能有根据地推断其欲望，从而做到有针对性地打败对手和击溃敌人。

这就是说，一个人的欲行、欲法和欲果作为一种现实存在，一般是暴露于外的，难以隐藏的，大多都要通过一定的介质而表现出来。人们通过观察一个人或一个组织的某些欲行、欲法和欲果，不但可以洞察和推测其最初的欲因、欲灶、欲缺和欲壑，以及欲望性质和属类，也可以预见其没有暴露的更大更远的欲望目标，并以此推断其可能产生的其他欲行或欲法。

比如，一家军事单位在海岸边界线上建起了一个军事基地，通过这个简单的欲行和暂时的欲果，可以推测这家军事单位针对海洋方面更长远或更深层的军事目标，这也是大小欲望联动相依效应的重要体现。肯德基在某国开了一家加盟店，麦当劳根据肯德基这个简单的欲行和暂时的欲果，就可以推测肯德基占领国际市场的基本战略已经开始了，并在此欲行和欲果的警策下，开始调整自己的竞争策略和竞争手段（欲法和欲行）。可口可乐公司发现百事可乐公司实施了某种扩张行动，也同样会对百事可乐的发展意向做出基本判断，然后再调整自己的竞争战略。

这就是说，根据欲望的构成要素及其相互联系和对应关系，不但可以更理性地把握自己的行为方向和方式，也能更理性地判断他人的心理意图、行为动机和人生境界。

当然，从欲望的构成要素及其相互联系和对应关系中，我们看到和推测到的仅仅是一部分内容，而不会是全部内容。因为欲望这种东西总是发之于内而行之于外，一部分可以看得见，另一部分看不见，以看得见的内容推测看不见的内容，不论出于我们作为观察者主观失误、偏误或短见、偏见的原因，还是出于对方作为被观察者采取以假乱真策略的原因或自我调整的原因，或者出于客观的其他各种复杂因素影响的原因，都可能会使这种推测变得不准确，不到位，不及时。这就需要观察者必须具备一定的经验和慧眼，必须比较全面地掌握对方信息和背景资料，而后才能做出更为精准的判断。

第四章　欲望的三种存在形式

——欲望的内隐性与外显性

欲望是以什么样的形式存在于世的呢？这个问题就像问“物质是以什么样的形式存在于世的呢”一样。我们知道，物质在这个世界上是以固态、液态、气态三种基本形式存在着的。而欲望的存在形式也有类似的三种形态。其中固态是有形的，具有外显性，液态介于有形与无形之间，也同样具有外显性，但气态是完全无形的，因此也是隐秘的。

从欲望产生、形成和发展的全过程来看，可以考证出欲望具有三种存在形式，而且只有三种存在形式。即心理存在形式、行为存在形式和结果存在形式。

一、欲望的心理存在形式

欲望通过感觉产生并形成之后，首先在心理留下痕迹，即以感觉、知觉、记忆、分析、判断等感性或理性的形式存在于人的心理层面。这种形式下存在的欲望一般都潜藏在作为社会个体的人的心中，“不为外人道也”。

任何一个人都会有很多欲望，有的欲望可以通过言行等表达方式为外人所知，有的欲望只能深藏在个体自我的内心深处，不为外人知晓，只有自己心知肚明，这类欲望仅仅是一种心理存在形式。其中有的是不够成熟的欲望，有的是不可告人的欲望，有的是因为对他人对社会不利而不敢示之于人的欲望，有的是可能会给自己带来危害的欲望，有的是自我保密而不便亮出底牌的欲望，等等。不管是哪一种情况，都是停留在心理层面和心理阶段的欲望。

如某些人的官欲、某些人强暴他人的性欲或兽欲，某些人或某些组织的掠夺欲、争霸欲，都可能暗藏于心，不予外露，以免受到对立群体、竞争对象的阻碍或打击。

这些仅属于心理层面的欲望，其特征是仅仅表现为一种心理冲动、心理意愿、心理期待、心理筹谋、心理设想，尚未产生具体行动，有的可能孕育已久，在心里业已形成计划，只待时机成熟便可以付诸实行。

欲望的心理存在形式也是欲望的内在动态存在形式。一个欲望如果仅限于心理存在形式，仅有欲灶、欲壑和欲标，则是无法获得满足的，只有发生了相应的欲行，欲望才开始进入实现满足的程序。

对欲望的心理存在形式，我们可以形象地称之为欲望的气态形式，即一个欲望处于心理阶段时是其他人看不见、摸不着的。对于那些心机不重的欲望人来说，或许可以从他的某些表情、神色、动作等因素上发现一些浅露的端倪，或一些微弱的蛛丝马迹。但对于城府深厚的欲望人来说，可能连一点点欲望信号也觉察不到。正所谓“画猫画虎难画骨，知人知面难知心”，心里的欲望如果有意识地进行自我屏蔽，自我封口，不予外露，是很难被外人觉察的。

人们出于竞争或保密的考虑，或为保护自己起见，内心深处有很多欲望都是不便示之于人的，这就使“深藏不露”“韬光养晦”“隐忍不发”“守口如瓶”等有城府、有心机的自我管理手段，成为个人立足社会的修养和参与社会竞争的谋略或韬略。清代钱彩在《说岳全传》第四回上说：“虎豹不堪骑，人心隔肚皮；休将心腹事，说与结交知！”就是告诫人们不要把心理存在的某些重要欲望告诉给其他人，不管是跟自己比较亲近的人，甚至结交的知己也不可轻易泄露。对个人如此，对企业、组织甚至对国家而言也莫不如此。所谓个人秘密、组织秘密或国家秘密，其实质皆为欲望秘密。

图 4–1 是欲望的心理存在形式示意图。此图分为上下两段，上段表示人的社会显在存在形式，属于人的行为层面，行为层面的东西必然在实体空间中表现出来；下段表示人的个体隐秘存在形式，属于人的心理层面，心理层面的东西只能在虚体空间中表现出来。这是欲望所存在的两种不同的空间形式。世人可见可感的是上一段即人的行为层面的内容，世人不可见不可感的是下一段即人的心理层面的内容。说明人的欲望可以深藏于心中，可以“不为外人道也”。心中的欲望具有保密性、隐私性，只要自己不说不做不表露，外人就永远无从知晓。

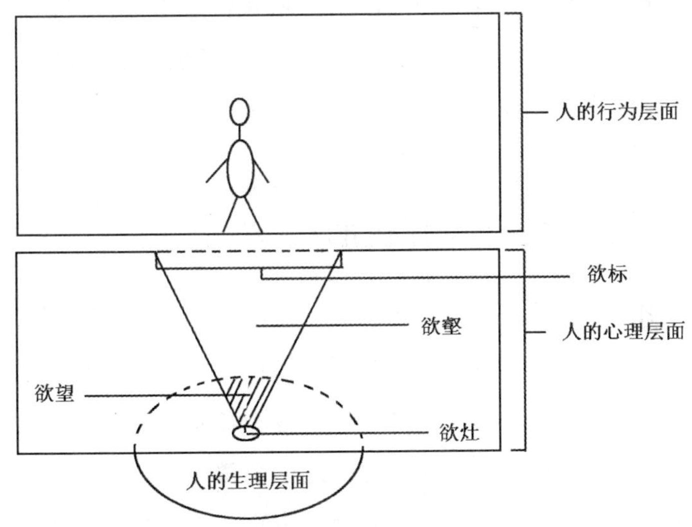

图 4–1　欲望的心理存在形式（在行为层面没有表现）

人的欲望首先产生于生理层面的某一欲灶，形成一个基本匮欠，即图 4–1 中生理层面中的阴影部分，这就是欲望的雏形，这个雏形我们称之为原欲；欲壑在图中指的是连同匮欠本身所构成的三角形部分。欲壑越大，所期求的欲标越大。欲标在图中表示为倒立三角形的上底边（虚线部分），图中表示的是一条线，实际上欲标应该是用以满足欲壑的填充物。这里，如果把欲壑比喻成一个杯子，那么欲标可以理解为填充杯子所需要的那些水，有多大的杯子就要有多少水来填充，杯子愈大，欲壑越大，需要的水越多，即需要的欲标越大。图 4-1 表示的是欲望的心理存在形式，即在行为尚未有所表现，只在心理存在的状态和存在的基本元素。

但原欲是个诡异的动态的怪物，它从生理层面跃升到心理层面之后，便会因自身生态不平衡而产生一种将匮欠超现实夸大的心理效应，我们把这个效应简称为匮欠夸大效应。这个效应使原欲迅速膨胀，产生远大于匮欠本身的欲壑。

比如，某个男子只要娶了老婆即可以满足他的性欲，可他却偏偏以“后宫佳丽三千人”为欲望目标。

同样，一个人做官，即便做到国家元首也未必将其官欲全部满足，还可能希望整个世界全都归自己说了算。这种匮欠夸大效应正是造成“欲无止境”的根本原因。

二、欲望的行为存在形式

欲望产生之后，一般会在心理层面经历一个理性的思考过程、过滤过程、沉淀过程和规划或计划过程，而后进入欲望满足阶段，开始了具体的付诸行动过程。欲望的付诸行动过程便是欲望的行为存在形式。即在欲行的实施阶段，大多数欲望满足活动都是呈现在光天化日之下进行的，即便仅是自己一个人知道欲望的真正目标，但其行动最终还是要体现和暴露出来的。人们根据其行动即可以判断其欲望目标，不管这种判断是否准确，或者自己故意采取隐瞒欲望目标的办法而不让外人知晓，但却终归隐瞒不了自己的行动。

就像鲁滨逊在孤岛上为了满足食欲，即便不向世人公开欲望目标，但总要在光天化日之下付诸行动，或者捕鱼，或者摘果，即意味着其欲望的存在形式已经由心理层面上升到行为层面上来了。更多的时候，处于行为阶段的欲望，在实施过程中通过言行、表情等媒介总要在实体空间中传递给另外一些人或一些外在事物对象，包括与欲权人的沟通、与其他人的合作或配合、与一些工具或事物的对接等等，都无法或很难不让其他人知晓。更何况大多数时候有些欲望的实行绝非个人力量所能完成，必须通过其他人的帮助、支持或与其他人的合作才能实现，这就更无法完全隐瞒自己的欲望倾向。这是欲望处于行为阶段的特点。

这就是说，一个欲望要想获得满足，必须经历具体的行为动作阶段，必须有一个具体的实施过程来完成。否则，一个欲望便不可能与现实对接，便不可能获得真正的满足。但欲望进入欲行阶段，进入具体的实施行动阶段，并不意味着欲望真正意义或全部意义的满足和实现，而仅仅是欲望寻求实现或寻求满足必经的阶段。

在现实生活中，有些人的很多欲望即便付诸实施了，但由于各种原因，包括环境的影响、条件的限制、能力的限制、考虑的不充分，也是无法实现或无法全部获得满足的。但是，凡是实现或半实现了的或获得满足或半满足的欲望，则一定都经历了欲望的实际行动过程，这个过程是不可超越的。欲望的行为存在形式，包括对欲望的语言表达和沟通、神情举止的透露或外泄、行为动作的表现或实施。这是欲望在一个人或一个组织的行为动作上留下的痕迹或轨迹，也是欲望的外在动态形式。

欲望的行为存在形式，我们也可以形象地称之为欲望的液态形式。即欲望在行动过程中可以表现出可见性动态特征，正如液体向着一定的目标流动的过程一样。液态形式的欲望具有可见性、外露性、动态性和方向性。我们通常看到的人们的行为表现其实都是欲望的液态形式，谁在做什么，怎么做，是可以看得见的，也是具有一定的欲望倾向的。

在社会生活中，我们总是通过观察人的外在行为来判断其隐含的目的和动机，推断事物的发展和走向。《论语·公冶长》有“听其言，观其行”的说法，就是让人们通过液态欲望形式，判断人或事的性质以及对自己对社会所构成的利弊关系。现代职场考察人才或个人在社会上选择朋友，大多也都是通过液态欲望形式来推测其爱好、志趣、心态、操守、忠诚度、责任心、敬业精神、献身精神等一系列关键的德性和品质，因为这些属于心理层面的不可见的东西只能通过可见性的行为表现出来。

正因为人们的欲望处于心理存在形式时具有不可见性，又因为处于行为存在形式时，具有可见性，二者之间存在着真实与虚假的对应关系，即真实的心理存在形式的欲望可以对应于真实的行为，也可以对应于虚假的行为。一个人的欲望不能造假，不能欺骗自己，但行为却可以造假，用以欺骗别人，迷惑别人，蒙混别人，这就很容易使考察人材和揣摩人心的工作出现偏差。

三国时的刘劭在《人物志》中对于这方面颇有研究，认为观察人要“居视其所安，达视其所举，富视其所与，穷视其所为，贫视其所取。然后乃能知贤否”。但他最后认为，不管怎么观察，都有“二难”，即“难知之难”和“知之而无由得效之难”。造成这“二难”的原因就在于欲望与行为之间存在的两种既可以统一又可以对立的矛盾关系上，这就是社会上经常出现真假误判和用人失察的根由。有些人也经常采取“乱人耳目，扰人视听”等弄虚作假、伪装粉饰策略，或通过言行声东击西等方式方法来迷惑对手，有意让对方发生误判，从而达到自己的欲望目标不予暴露、不受骚扰和不被钳制的目的。

图 4−2 是欲望的行为存在形式示意图。此图分上下两段，下段为心理层面，上段为行为层面。欲望从心理存在形式上升为行为存在形式，说明欲望已经进入行为实施阶段，即在行为上已经有所表现，有所动作。

欲望进入行为阶段之后，所做的动作包括对目标的蓝图规划（非心理规划）、与他人的沟通或谋划、亲力亲为的一切外在行为等等，说明此人已经开始向欲望目标（欲标）进发了，其欲望具有可见性、可感性和可测性。如果这个人为了实现其欲望而与其他人进行了某种形式的沟通或共谋，就说明这个人的欲望已经进入了社会层面，引起了社会的关注并相应地也会受到社会的影响和掣肘。

事实上，人们的很多欲望都非个人力量所能实现，而大多要通过与其他人合作来谋取的，这就是说人们的大多数欲望在进入欲行阶段之后

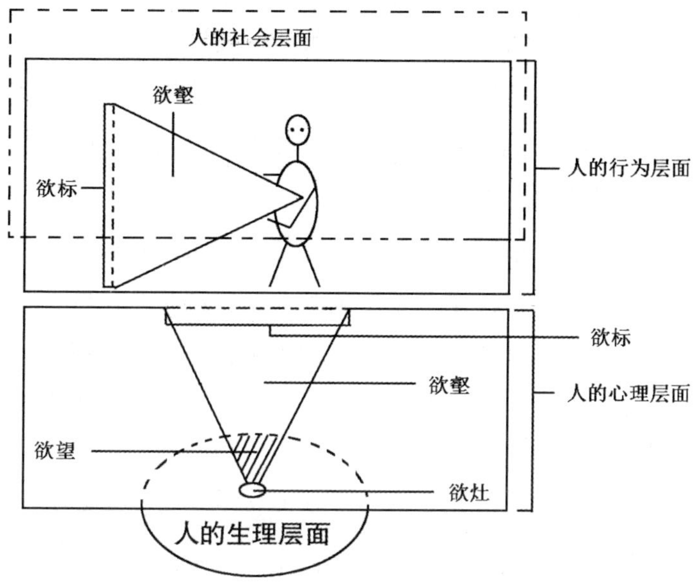

图 4-2　欲望的行为存在形式（即欲望由心理层面跃升到行为层面）

也都具有不同程度的社会属性（而只有在心理阶段时才具有个体属性），人们可以通过某个人的行为对其欲望作出基本考察和判断，尽管这种考察和判断有时不够准确，甚至得到的是相反的结论，但这却是人们推测他人欲望和拿捏他人心理最基本和最有效的途径之一。

三、欲望的结果存在形式

一个欲望付诸实施之后，必产生一个结果，这个结果即是欲望的结果存在形式。不管是这个欲望达到了理想的实现效果或满足程度，也不管是半途而废，无疾而终，更不管是跑偏走样，背道而驰，都终归要以某种特定结果的形式存留了下来。这是欲望在现实生活中留下的痕迹或印记，也是欲望的固化形式，是一种欲望产生之后而在现实世界上的见证。欲望只有在这种存在形式上才具有了惠泽世人的文明效果或损及世人的不文明效果，只有在这种存在形式上，才具有了被承传、被发扬、被推广或被评价、被检讨、被批判的文明功能，并因此具有了促进人类社会不断向前发展的文明效力。

我们把欲望的结果存在形式也可以形象地称之为固态欲望。欲望通过行为落实到结果上，变成了可见可感的、稳定的、固态的存在形式，是实现和满足欲望的最后一个环节。我们肉眼所见的人类一切文明成果，都是某个人、某个组织、某个民族、某个国家的固态欲望存在形式。金字塔、万里长城可以说是几千年前某个人、或某个民族、或某个国家的欲望，经过一个具体的行为实施过程，被固化下来，成为人们至今可以看得见的欲望形式。一切考古学的发现都是对古人类固态欲望形式的挖掘和考证。

当然也有些固态欲望可能没有留存这么久远，但只要通过行动落实了，就必会以一种实体空间的形式留下一些痕迹，并被保留一段时间。或许这个被固化的欲望并非与原来的欲望初衷相吻合，甚至在执行时多少都有些跑偏、走样、打折、变形，但这并不影响其作为欲望的固化形式被保留下来。现代社会中我们看到城市建设高速发展，宽阔的道路纵横交织，无数的楼房拔地而起，看到汽车、火车、飞机、电脑、火箭、卫星在宇宙空间往返穿越，这些美好的客观可感的人文事件无一不是人类欲望的体现，无一不是人类欲望被固化的形态体现。

我们五官所见、所听、所感的各种商品，我们生活、工作、学习用到的各种人造物件，也无一不是人类欲望的固化体现。被固化的欲望才是真正被实现了的欲望，才是人们得以满足或部分得以满足的欲望形式。人类的一切研究成果只有被固化之后才能称其为成果，才能为人们所用，为社会服务，才能体现个人的欲望所系和价值所系。一部作品，不管是文学、音乐、美术，也不管是科学、哲学著述，也都是被固化了的欲望形式，也都是人类欲望变现后的最终结果体现。

图 4–3 是欲望的结果存在形式示意图。此图黑色三角形部分表示欲望兑现以后所展现的结果，表明特定的欲标填满了特定的欲缺或欲壑。任何一种欲望只要被满足了，被实现了，就会以一种结果的形式在某个

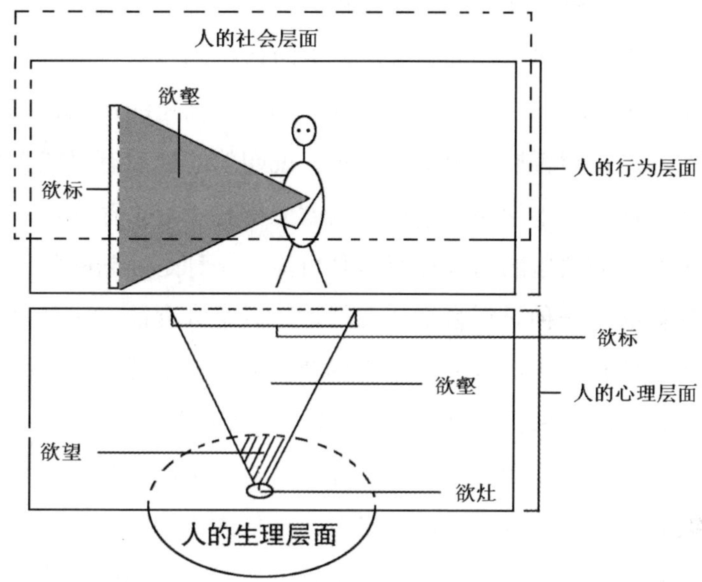

图 4-3　欲望的结果存在形式（抵达欲标，欲壑填满，欲望满足）

时间段里被固定下来。当然，即便部分地填充了欲缺或欲壑，也同样会留下该欲望的固态形式。

欲望通过行为的付诸实施，必然会产生一种结果，这就是欲果。人们总是为着某一目标（欲标）而行动，行动完成后，标志着欲望的行为存在形式终结，而进入了结果存在形式之中。

这个结果可以是预期的结果，也可以是非预期的、非理想的结果。即欲望达到了完全满足、部分满足或未予满足。图 4-3 中表示的是完全满足的结果存在形式：欲标三角旗展开后将欲壑完全填满（黑色部分）。如果是欲望的部分满足则可表示为部分填满，未予满足则可表示为未予填入。

上面已经提及，欲望的行为存在形式可以不与他人合作，也可以与他人合作共谋共行，前者属于个体行为存在形式，后者则属于社会行为存在形式，说明其行为层面与社会层面存在着某种程度的交合。欲行所带来的欲果，也同样具有个体欲果存在形式和社会欲果存在形式之分。有些欲望的欲果完全进入了社会层面，成为一种社会性存在，有些则不能。

我们仍以鲁滨逊为例。鲁滨逊在孤岛上生活，远离社会，远离他人。他的欲望有的付诸了行动，有的没有付诸行动。其付诸行动的欲望必然会产生某种结果，比如为满足食欲而到海边捕鱼的行动，属于欲望的行为存在形式；能否捕到鱼则不一定，说明他的欲望有可能实现，也有可能不能实现。但不论能否实现，其欲望都有了行为存在形式是自不待言的。再看其捕到鱼的情况还有多种可能，一种是捕到的鱼很少，不足以满足其食欲；一种是正合适，正好可以满足其食欲；一种是很多，超过了自己的欲缺，满足食欲后还有剩余。但不管是哪一种情况，都意味着是一种特定的结果，都是欲望的结果存在形式。

欲望结果形式标志着欲行已经结束，一个欲望从产生到结果的循环周期终止了。但鲁滨逊的欲行没有与其他人谋划与合作，属于个体性存在，不具有社会性，其欲果也不被他人所知，也属于个体存在形式，不具有社会性（当然，如果某些行动是与岛上俘获的人物星期五共谋的，便具有了一定的社会性）。这说明有些欲望的欲行和欲果是不具有社会属性的，只能是自生自灭的。但是，如果鲁滨逊的其他某一种欲望，比如在树上刻下年月日的印记——如果这个痕迹被后来的人发现了，那么，这个欲果就具有了一种后置性的社会意义。

金字塔作为一种欲果，作为一种结果存在形式，因为有很多人参与建设或有很多后来人看得见，感知得到，所以就具有了社会属性。这就是说，人类的大多数欲望，最终都会体现在社会层面上。

比如人的性欲，通过欲行的实施，男女结合，十月怀胎，传宗接代，繁衍不止。这个欲行和欲果都进入了社会层面，都具有明显的社会意义，都是可以被他人看得见的欲果。

其实，人的欲望在很多时候都是可以被掩饰、被隐藏的，不拘于心理阶段，也包括行为阶段，甚至于一些特殊设计的欲果阶段。我们知道，只有体现在社会层面的内容，才可能进入他人的视野之下和他人的感知之中，体现在社会层面的欲行或欲果一般是很难被完全掩盖的，这也是为什么有些人的犯罪行为被发现了，也另有些人的犯罪行为却自始至终没有被侦破，而使犯罪分子逃之夭夭的重要原因之一。看来，对于一个人或一个组织的某种欲望而言，为了不被他人发现、不被他人知晓起见，欲望人实施的欲行越具有独立性，或者合作者越少的欲行，越具有隐蔽性和保密性；欲果的外观可视性、暴露性越小，时空跨越性越小，越具有隐蔽性和保密性。这个道理常常被运用在政治上、军事上或商业竞争上，当然也被一些为逃避制裁的犯罪分子所利用。

就欲望的三种存在形式之间的关系，我们可以借助一座楼房的设计、施工和竣工来加以说明。一幢楼房是怎样诞生的？整个过程实际上就是一个欲望的产生、实行和满足的过程。一幢楼房显然是一个欲望的体现。

这个欲望首先在某个人的大脑中萌发出来，并形成初步的设想，这个设想经过思考、沉淀、比较、过滤和加工，形成一个比较成熟的蓝图。这是第一个过程，也是欲望的第一个存在形式：心理存在形式。这说明建设楼房这个欲望首先是以心理存在形式出现的，并经历了一个心理的计划、规划和渐次完善的过程，这个心理存在可以告之以其他人，也可以暗藏在自已心里。

待到蓝图设计成熟之后，为了实现建设楼房这个欲望，便进入了第二个阶段，即实行阶段，包括楼房的图纸设计、手续报批、组织施工等等过程，这说明建设楼房这个欲望已经示之以人了，公之于众了，也说明建设楼房这个欲望正式以行为存在的形式出现了。

这个行为过程完成以后，一座楼房竣工了，傲然挺立于广场上，这就是欲望的结果。说明建设楼房这个欲望最终以一种现实结果的形式存在于世了。当然，这座楼房可以是高大的，也可以是矮小的，可以是美观的，也可以是丑陋的，可以是合格的，也可以是不合格的，总而言之却是一个特定的结果。这个结果可以是欲望蓝图的全复制品，也可以是欲望蓝图的曲解性的复制品，可以达到了预期的设计，也可以没有达到预期的设计，但它毕竟是一个特定的欲望结果了。

放眼世界，我们会看到人类社会处处充满了各种欲望的结果（或称之为文明的结晶），世界上所有属于人文的东西、所有被设计的东西、被创造的东西、被发明的东西、被规划的东西、被建筑的东西、被开发的东西、被提炼的东西、被破坏的东西、被总结的东西、被归纳的东西、被理性化、秩序化、科学化、制度化、程序化、规范化的东西，都是展现在人类面前的欲望结果存在形式，包括我们能够看到的所有的楼房、道路、桥梁等建筑，包括我们用以欣赏的所有美术、音乐、文学等艺术作品，包括我们用以服务自身的所有工具、机械、器皿、服饰、电器、车辆等商品，无一不是人类欲望的固化性体现，无一不是人类欲望的现实文明结果。

尽管其中有些成果已然被人类销毁和消灭了，但也不能否认人类欲望在实现以后所具有的固化性特征。

当然，人类还有许多欲望没有实现，甚至还没有产生，或者产生之后仅存在于人们的心里，或者尚在发明创作的行为过程之中。但以人类欲望不断萌发的衍生特性，以人类欲望不断扩展的膨胀特性，以人类欲望不断放射的多元特性，以人类欲望不断循环的连续特性，我们相信人类的文明必将会冲破一切藩篱、桎梏和拘囿，必将以一种美好的结果存在的形式呈现在世人面前。这既是人类的本性使然，也是人类社会发展的必然。

第五章　欲望系统的内外平衡关系

——欲望是永远处在倾斜状态下的天平

每一个人的欲望都有特定的目标取向和取值。人类社会如果没有欲望的激发、驱动和诱惑，就不可能获得发展和进步。但我们已经在前面讨论过，欲望总是特定匮欠的产物，没有匮欠的发生，欲望便不复存在。因此，我们与其说是欲望驱动了人类社会的发展和进步，不如说是匮欠驱动了人类社会的发展和进步。没有匮欠，人类社会就会成为一具固化的僵尸，人们就会失去了理想和目标，就会失去了活力和激情。

所以，一个人或者一个社会，没有匮欠是绝对不行的，但匮欠过多也不行，匮欠过多，不利于社会保持足够的和谐与稳定，不利于保证人们拥有足够的幸福；而匮欠过少也不行，匮欠过少，不利于驱策人们树立远大的理想和目标，不利于社会获得长足的发展和进步。

社会管理者通常会更多的指望社会始终保持一种有秩序的平衡运动，但这种平衡仅仅是管理秩序的系统性平衡，绝不是人们生活保障的过程性平衡，因为后一种平衡会给人们带来老守田园的安稳、不思进取的惰性和自我放任的堕落。

只有保持足够多的欲望倾斜关系，才能激发人们树立高远的目标，并由此产生奋斗的志向。

所以，欲望是永远处在倾斜状态下的天平，我们不应该让这个天平保持长久的和绝对的平衡。因为人类社会发展需要不平衡，需要不平等。只有让人们在不平衡、不平等中追求平衡和追求平等，才能为社会快速发展和进步提供源源不断的动力。

我将欲望匮欠促进并决定社会发展和进步的特殊辩证关系，称之为欲望匮欠推动社会发展定理。

不错，正是不平衡关系产生了匮欠和欲望，但是人们总是借助于不平衡的匮欠和欲望所产生的驱动力，向整个系统的平衡方向运动的，人类正是在这种不平衡与平衡的矛盾关系中创造历史的。

这就是说，欲望系统虽然是不平衡的，但其目标却是朝着平衡方向运动的。欲望系统的平衡运动必须建立在多个对应关系的平衡基础之上。接下来，我们来看一下这些对应平衡关系。

一、欲灶与欲标的平衡关系

欲灶与欲标的平衡指的是特定的欲灶必对应着特定的欲标，未能找到这个欲标或者失去这个欲标，就会给欲望的满足带来挫折和打击，就会引起欲望的平衡系统出现波动。

譬如当社会男女性别比例明显失调时，一些强奸、乱伦等案例就会成为多发事件，所以社会上其他一切“僧多粥少”的问题都是由欲望关系失衡导致的问题，都是欲灶与欲标的不平衡问题造成的。

一个国家、一个企业努力创造物质财富和精神财富的目的，就在于使欲灶与欲标尽可能达到平衡状态，从而实现社会的和谐发展和有序进步。

所以，在欲望系统中，用来满足欲望的目标数量不能少于其所对应的欲灶数量，即必须合乎一定的欲应标准。这就是社会管理系统必须遵循的欲望供需平衡原理。

根据欲应的概念和公式（欲应 = 欲标 / 欲灶），欲应表达的是一种对应关系，而非一对一的数字关系。比如一个男孩对应一个女孩，两个男孩对应两个女孩；一个家庭对应一套住房，两个家庭各自对应一套住房，八个家庭也各自对应一套住房；再如五百个家庭对应一所小学，八百个家庭对应一所中学，十万个家庭对应一所大学，或者是一千个家庭对应一个诊所，五千个家庭对应一所医院。以此类推，只要是合宜的，顺应的，未有矛盾冲突的，其对应的关系就是平衡的。

当欲应为 1 时，表明欲标资源与欲灶需求之间的供求关系是合宜的，适当的，欲望系统处于最完美的平衡状态。当欲应 <1 时，即表明欲标数量或质量不足，欲灶偏多，供不应求，欲望系统已经进入失衡状态。欲应越小，欲望平衡系统的倾斜度越大。当欲应在 0.5 以下，或更小，可能就会导致欲标资源的紧缺，造成物价上涨，影响社会经济的健康发展，甚至引起社会民众的心理波动或恐慌，引发社会系统的失衡，甚至出现骚乱事件，一切政治危机、经济危机、社会危机或文化危机，都是违背欲望供需平衡原理所致。当欲应 >1 时，就会导致欲标资源的富余，商品堆积过剩，引发物价贬值、经济滑坡甚至经济萧条等危机事件的发生。

当然，作为管理者有时也利用这一原理撬动经济杠杆，调整经济导向，甚至调整经济发展步伐。或利用这一杠杆调整政治生态、文化生态或社会生态，达到有利于管理者或统治者某种既定的政治目标、经济目标、文化目标或社会管理目标。

二、欲缺与欲高的平衡关系

一个人的欲望有多大，主要体现在欲缺的匮欠度上。

欲高在欲望系统中对欲缺和欲壑具有影像性反衬和对比性拉动的功效。

一般而言，一个新被发现的欲标越好，包括体量越大，数量越多，质量越佳，则原来设定的欲高便越容易被新的欲高所取代，在新欲高的影像反衬和对比性刺激下，欲望的膨胀不可避免，欲壑由此迅速扩展。

相反，新发现的其他欲标越差，原来设定的欲高越容易被看好，越容易坚定保有原来欲高的信念，其原有的欲缺和欲壑也不会无缘无故地扩大，甚至在一定程度上给自己的欲高适当降低一些水准也未尝不可，这是通过对身边新发现的多个同属类欲标进行比较而产生的欲望体验和自我调节。

比如在食物极度匮乏的年代，大多数成年人一天的食物限量为八两，某长官因为级别稍高，待遇从优，一天限量为一斤，但他的食欲的欲高是以一天能保证一斤二两水准为满足，于是他打算过些时日去找上级领导提出增加饭量的请求。当他下到基层检查工作时，发现一般群众一天连二两粮食也吃不到，很多人甚至只能以草根树叶充饥，这个眼见为实的新发现，可能会使得这位长官的欲高不再期待一斤二两的较高水准了，而可能会自降一格，甚至达到每天能够吃上八两米饭的食物量标准便觉得很是心满意足了，他的食欲的欲缺和欲壑也因为自降欲高而变小了，这样，他不再打算向上级领导提出申请而“狮子大开口”了。

这说明一个人的欲缺和欲壑在同一种环境和条件下会随着其所知晓的其他人实际欲高的社会对比性差异而产生自动调节和自动伸缩的功效。

同样的，一个人看到其他人的欲高不断提高时，自己的欲高也会发生攀比性升高，其欲缺也会随之扩大，欲壑也会迅速膨胀。比如一个人大学毕业后进入职场，打听到近年来同行业职员的月收入大概都在 4000 元左右，他眼下找到的这份工作，月工资为 4500 元，他很高兴能够有机会进入这家公司工作。但时隔数月，他发现其他同岗位同工作强度的同事，每月至少都能拿到 8000 元工资，他一下子蔫了，心理极度不平衡，以至很不理智地去找公司领导大吵大闹了一番，并扬言不给涨工资便辞掉工作另谋他就，这让公司管理者感到很不舒服。身边同事的客观欲高使这位年轻职员的欲高发生了攀比性改变，也使他的欲缺变大，欲壑迅速膨胀，他原有的欲望平衡被打破，他内在的欲望系统与外在社会的欲望系统产生了不平衡的对应关系，使整个公司组织的整体欲望系统出现了波动。

由此可见，周边人的欲高对个体自我欲高、欲缺和欲壑等具有明显的拉动和影响作用。我们把一个人的欲高、欲缺和欲壑等随着周围人群的欲高变化而变化的规律称之为欲望内外平衡原理。违反这个原理，就会使一个人产生心理不平衡或一个组织产生不和谐、不稳定，甚至引发某种事端而造成不利的后果。这是管理者应该掌握的重要的欲望动力心理学原理之一。

三、欲望人与欲权人的对缺互补平衡关系

欲望的满足程序必涉及到两个方面的对立性关系，一个是欲望人，一个是欲权人。欲望人指的是欲望主体，亦即产生并拥有欲望的人；欲权人指的是拥有和掌握欲望人所期待的目标资源的人，亦即控制欲标权利的人，简称欲权人。这个欲权人可以是某个自然人，某个组织，某个企业，某个政府，某个国家，也可以是大自然中的某个特定对象、现象或事件。欲权人是自然人或特定组织的情况比较容易理解，而作为大自然特定对象的情况可能会让一些人稍感费解。

这里我们可以举个例子加以说明。如有人想去采摘雪山上的灵芝，这灵芝作为这个人的欲标，其欲标权在于大自然中的这个特定的雪山，只有冒着一定的风险和困难爬上这座雪山，才有可能获得采摘灵芝的欲望的满足。再如在一些不发达地区，那些靠天吃饭的农民，土地中的作物能否满足一家人一年的食欲，不但与土地的墒情有关，也与降水的多少有关，不是自己完全说了算的，说明“靠天吃饭”的农民自己不是绝对的欲权人。

如果欲望人是某种特定欲标资源接受者的话，那么欲权人便是该欲标资源的施与者。个体作为人类社会的一员，当然具备人的全部属性，因此不缺乏人的属性方面的任何匮欠，所以也不会把其他任何人本身作为自己的欲望目标。

一个小伙子见到一位体态婀娜、丰乳肥臀、性感洋溢的年轻女子，如果产生了性欲冲动，是再正常不过的事情，而见到一位老态龙钟、皮肉松弛、骨瘦如柴的老妪，如果也能产生同样的性欲冲动，就是一种变态的表现。其原因很简单，欲望人想要的不是一个简单的人，而是这个人所具有的某种功能（比如性功能或性魅力），当某个人失去了欲望人想要的那些功能，便不会成为欲望人所要追慕的目标（欲标）。

所以，一个人不会成为另一个人的欲望目标，而只有当其成为具有某种特定功能的欲权人的情况下，才能以其功能的据有者身份而成为欲望人追逐的真正目标，这就是欲望目标功能原理。

我们所跻身的这个社会，几乎每一个人都拥有不同程度的官欲。官欲作为与自身生理关系不十分切近的一种社会性欲望，为什么会如此普遍而且强烈？为什么有很多很多的人一见到拥有一定职权的官员便点头哈腰、低眉顺眼？为什么自古以来在整个世界几乎每一个国家、每一个地区、每一个组织、每一个部门、每一个企业中的官场斗争或权力斗争都如此激烈而且残酷？这其间人们趋之若鹜甚至你死我活地苦苦角逐的，决不仅仅在于某个职务所象征的身份与地位，或某个权力所代表的气派与荣光，而实在是某个职务或权力所具有的某些特定的功能，包括对所辖范围内一切重要欲标资源的控制功能、驾驭功能、指挥功能、分配功能和支配功能。

细数人的各种功能，虽有十八般本事，但样样都是非常有限的，而一个人借助官位可以实现功能最大化，可以调动人力、物力、财力，甚至文化力、思想力、人际力、行动力等一切有用的资源，以增强个体的控制功能、驾驭功能和支配功能，这就是人们之所以常常被激发出官欲的根本原因。同时，鉴于人本身所具有的天赋能力的有限性，只有借助外力的作用和装配，才能增强自己的能力、壮大自己的能力和扩充自己的能力。

官位官职不过是披挂在控制功能之上的名分性或身份性外衣，作为业已晋升为某一职位的官员即是这一功能的掌控者和欲权人。因此一个官员被前呼后拥和被众星拱月般地追捧，其被重视的东西不要误解为是官员本人这个大活人，而是他所掌控的某一职务名分下的这些功能。换句话说，人们甘于趋之若鹜的，并不是官员本人长的模样有多俊俏，道德水平有多高尚，思想境界有多卓拔，也不是官员本人生有三头六臂，比我们平常人神通广大，超凡脱俗，而实在是权力功能这个东西在发挥吸引作用、凝聚作用、号召作用和支配作用。

人们常说某人有本事，有能耐，说的都是此人具备某种对其他人有用的功能。有的功能是天生就有的，有的是后天习得的，有的是被其他人或某个组织赋予的，有的是借助其他外在物质的、机械的特定功能武装了自己。人们练功，人们学习，人们求知，人们谋求当官，人们锻炼技艺，人们制造或操持武器，人们建立社交圈子，建立党派、集团、组织，目的都是借以强化和增加自己的驾驭功能、支配功能和控制功能。而当官则是增加和强化个体功能的最直接、最便捷、最有效的途径之一。

人的欲望的构成、心理的构成以及社会的构成，都与机械的构成一样。机械并非物体与物体的简单拼接或组合，而是功能与功能的有机对接与集成。换句话说，任何机械都是一种特定的功能结构，而不是简单的组装拼接结构。对于非机械性的人的欲望结构、心理结构、社会结构、管理结构来说，虽然表面上看不见摸不着，但其本质都是富有联动性和创生性的功能结构。在人类欲望系统中，人们天生即是欲望主义的信徒，因此也必然都是功能主义的战士。我们所研究的欲望动力心理学也可以被称之为欲望主义心理学，或功能主义心理学，或质能结构主义心理学。

欲望人与欲权人是一个相对的概念，二者都可能会占有对方的欲标资源，只是存在欲标资源的数量和质量上的可能性差异，谁是欲望人与谁是欲权人，只是缘于看问题的角度不同而已，在欲望系统的双向互补关系中，一方是欲望人，则另一方必是欲权人。同理，一方是欲权人，则另一方必是欲望人。只有这样，二者才能形成对缺互补关系。所谓对缺，指的是在欲望人与欲权人彼此对立性关系中存在的他有我缺、我有他缺或他多我少、他少我多的关系；所谓互补，指的是我之所有正为他之所需或他之所有正为我之所需的关系。如果彼此双方不存在对缺关系，或不存在互补关系，那么，二者之间便构不成欲望关系，便构不成欲望人与欲权人的关系。你有的，我不需要；你缺的，我也没有；或者我有的，你不需要；我缺的，你也没有，在这种情况下，二者之间不会产生欲望关系。

在欲望系统的双向关系中，只有在欲望人与欲权人之间存在"你有我缺、我有你缺"的对缺关系和"你有我需、我有你需"的互补关系，才能产生欲望关系的对应性互补、互动和互给，才能实现欲望人与欲权人之间的角色互换，才能实现欲望关系的平衡运动，否则，二者便不可能进入欲望期待程序和欲望满足程序，不可能实现欲望关系的整体平衡。这种平衡关系可以称之为欲望对缺互补原理。

任何欲望的满足都必须遵循欲望对缺互补原理才能实现。比如一个牧人拥有很多只羊，却缺少足够的金钱，而遇到的另一个人有很多的钱，却希望有足够的羊肉吃，二者形成了欲望对缺互补关系，并由对缺互补关系而形成供求、供需关系，彼此通过交易实现了双方欲望的各自平衡与满足。再比如一个企业的欲标是利润，这个欲标可能隐含在任何一个行业或任何一个企业的任何一个项目之中。而这个项目的欲权人可能是其他某个企业，也可能是国家某个级别的政府，比如某个金矿的开采权，企业要开采金矿赚取利润，国家要搞活经济、获取税收和解决剩余劳动力就业问题，二者存在对缺互补关系，便可能会产生良性互动的欲望关系，从而各取所需，各得所求，均以实现自己的欲望目标为归依。

再如两个商人同时看到一个乞丐，一个商人掏出十元钱给了乞丐，另一个商人只是看了乞丐一眼，却一文不施。乞丐与商人之间表面上看不存在欲望对缺互补关系，乞丐似乎给不了商人任何回报，但为什么第一个商人却给了乞丐十元钱，使得乞丐在一定程度上达到了欲望的满足，而商人自己一无所获呢？实际情况并非这么简单，这个施舍的商人在信仰上、良心上或同情心方面产生了慰藉之需，遂与乞丐构成了物质与精神的对缺并互补关系。而后一个商人为什么没有施舍一分钱呢？因为后一个商人或许没有感受到信仰、良心或同情心的力量制动，没有产生精神方面的匮欠性需求，所以他就没有产生施舍的欲望。前一个商人的情况符合欲望对缺互补原理，后一个商人的情况未违反欲望对缺互补原理。

又比如一个人缺少食物这个欲标而不顾及欲权人是否与之构成对缺互补关系，而采取偷盗、抢掠的办法达到了单方面的欲望满足，他显然违反了欲望对缺互补原理。因为对方作为欲权人没有与偷盗者构成对缺互补关系，没有在偷盗者那里希图什么。违反欲望对缺互补原理造成的后果只有两种情况：一种情况是欲望没有获得满足的条件，不能进入欲望满足程序，因而无法实现满足；第二种情况是违反普世的社会规则而强行满足自己的欲望，他将要承担一定的道德或法律风险。

欲望系统的对缺互补关系构成了社会系统的对称与平衡关系。一个人的欲望通常是这个人在特定的自身条件、特定的空间环境、特定的社会环境和特定的时间背景下所独有的，具有明显的个性特征，即一种欲望总是在一个人或一个动物头脑中以其鲜明的个体化特征产生和展现出来，并以维护和保护自身欲灶的舒适和满足为根本归依。

正如一个人的性欲总是在特定的年龄阶段、特定的身体条件、特定的生活环境中产生的，不可能每时每刻都是性欲高涨的。一个人的官欲也总是在合适的年龄阶段、合适的个人条件、合适的职业环境和合适的人际背景下产生的。不同的欲望在满足内容、满足方式和满足程序等方面具有不同的条件限定和制约，这反过来会在一定程度上影响、左右欲望的产生、形成和勃发，很多人因为在某种欲望的满足条件上达不到要求而对这一欲望采取了自我扼杀和自我屏蔽的态度，不止是“望而却步”，甚而是“望而却思”，最后让这一欲望自生自灭，更有一些人因为与某种欲望的满足条件相差太远，遥不可及，便使得他根本不会萌生这种极其不现实的飘渺欲望。

比如一个有着严重残疾的农民，在自理方面尚且艰难度日的背景下，他是不会产生当皇帝的欲望或娶皇帝女儿做媳妇的欲望的，只有在他身强体健、聪明智慧、跻身官场或成为其他行业的杰出人士而有条件与皇帝女儿接触时才有可能产生类似的欲望。这就是说，欲望的满足条件对欲望的产生和形成具有反作用，我们把这种反作用称之为条件对欲望的反制效应。因为欲望系统存在着反制效应，一些受条件限制的人不会轻易产生超越条件阈限值的欲望，否则便是癞蛤蟆想吃天鹅肉——异想天开或不自量力。

欲望的产生、形成和勃发过程与欲望的满足或实现过程具有对称性、对应性和对缺性。因为任何一个欲望都涉及两个方面：一个是作为主体本身的欲望人或需求者，一个是作为客体对象的欲权人或供给者。二者是一种需求与供给之间的关系。前者作为需求者的条件与后者作为供给者的条件必须具有某种对称性、对应性、对缺性、互补性，方才能构成欲望产生、形成和满足之间的良性互动。欲望人与欲权人多数情况下是互为主客体的关系，以谁为中心看问题，谁就是欲望的主体，谁就是欲望人，对方即是客体或欲权人。

中国封建社会在男婚女嫁方面有“门当户对”之说。如果把欲望人与欲权人权作一对恋人，那么二者也必须遵循“门当户对”的对称法则，即二者必须具有达成一致的彼此对应、对缺和互补的条件。有的时候，我们作为局外人，常常看到“好汉无好妻，赖汉插花枝”“一朵鲜花插在了牛粪上”等许多不对称的情况。比如一个富翁的女儿嫁给了一个穷小子的不对称的情况，但他们二者之间存在着的某种对称或许不为局外人所知，富翁女儿有钱，或许姿色平平，或许存在某种缺陷，穷小子可能在一些方面具有优势条件，或许穷小子在讨好富翁女儿的手段上技高一筹，或者在性爱的表达和性爱的能力上令富翁的女儿欣喜，可以肯定地说，穷小子总有条件与之形成对称、对应、对缺和互补的关系。

社会上绝大多数欲望的满足都是通过欲望人与欲权人彼此需求的良性互动实现的。即你需要我，我需要你。你需要我的美貌，我需要你的金钱，二者可以达成钱色交易的互动性满足；你需要我的身体，我需要你的权势，二者可以达成权色交易的互动性满足；你需要我的能力，我需要你的职位和利禄，这是一个企业或一个组织与个人之间达成的择才而用的互动性满足。现实社会中的各种买卖关系都是在欲望人与欲权人之间存在对缺互补性欲标的条件下实现彼此满足的。

欲望人与欲权人是一种拓扑结构的对称关系和平衡关系，而非在属种、数量和条件上的对等关系。甲所拥有的条件可以是ABC，并对这些东西拥有控制权；乙所拥有的条件可能是AEF，并对这些东西拥有控制权。这样，甲有A的条件时，不会再觊觎乙拥有的A条件，而多半是看中了乙所拥有的E或者F条件，倘若乙也仅仅拥有A的条件，二者之间就不会存在供需性对应平衡关系。对乙而言也是如此，欲权人在满足欲望人的同时也必须满足欲权人自己的欲望，欲权人本身也是一个欲望人，彼此双方所需，都是对方拥有而己方没有或不足的东西，即双方的欲标互异互缺互补，才能实现双方的互动。

再比如甲乙双方都有房子住，但两个人却达成了一个互换房子的协议，表面上看二者的欲标都是房子，而实际欲标却在于各自所求的方便，或者一方为了自己工作和孩子入学就近取便，另一方则为了对方的房子宽大敞亮，居住舒适，等等，二者在本质上都严格遵循欲望对缺互补原理。

对于人类自身而言，匮欠的本质不啻为一种伤害，匮欠造成的伤害决定人类思维方向必然沿着填满匮欠和抚平伤害的目标发动和发展。所以，我有理由认为，一切思维都是有方向的，都是沿着欲望方向发生和发展的，脱离欲望驱动方向的思维是不存在的。

甚至远不止于思维，也包括情感、情绪、心理、意识、观念、精神等一切属于人性的内容也都是有方向的，也都是沿着欲望方向发生和发展的。脱离欲望的情感、情绪、心理、意识、观念、精神也是不存在的。

比如按照异性相吸、同性相斥的理性认知，处于青春期的异性情侣之间在抚摸彼此时所产生的思维方向和方式与同性伴侣之间抚摸彼此时的思维方向和方式几乎是完全相反的。此间产生的情感、情绪、心理、意识、观念、精神也是完全相反的，前者是喜爱的或主动的，而后者则是厌恶的或被动的。

这种在方向上完全相反的差别不是由大脑神经结构的不同造成的，而是由欲望方向造成的，是由匮欠与目标之间的对缺互补关系造成的。同样一个人、一件事、一宗物品，有人讨厌并避之若浼，有人喜爱并趋之若鹜，二者之间的思维方向、情感方向、心理方向、意识方向、观念方向、精神方向、行为方向构成如此巨大的反差，其原因无他，完全是由欲望方向决定的，是由匮欠与目标之间的对缺互补关系决定的。

四、己欲与他欲的平衡关系

欲望系统中还有一个重要的平衡关系，即己之所欲与他之所欲的关系。上面我们已经论及，同一个欲标，通常是以一种客体性存在的方式展现出来的，这个欲标一般不会直接为己所有，不但另有欲权人，而且还另有觊觎者即欲望人。即同一个目标可能有多个追逐者，你的目标往往同时也是他人的目标。我们将这一关系称之为目标兼欲效应，或粥少僧多效应。

一个人的某一个欲灶总是对缺着特定的欲标，比如消化系统感应器及相应脑区作为食欲的欲灶，当处于饥饿状态而出现欲缺后，对缺的欲标锁定的是食物，而且只能是食物；性器官及其相应脑区作为性欲的欲灶，当处于性兴奋状态而出现欲缺后，对缺的欲标是别一个性器，正常状态下的恋爱则指向异性的性器，也有个别人把人工制作的性器保健品作为释放性欲的欲标。但不论是正常状态或非正常状态，欲灶所取向的欲标必须是而且只能是具有满足欲望特定功能的东西，而不能是别的东西。

只有具备了满足某个欲望特定功能的属性，才可能会成为主体确定的目标取向。否则，便是一个无用物，便没有欲望系统承认的价值属性。

当然，一个人的欲标作为一种外在的客体的对象性存在，也可能会成为其他人的欲标，这时的欲标作为一种可以满足很多人欲望的特定资源，通常会吸引众多目光的觊觎和关注，并不由自主地产生占为己有的企图。这便是世人之所以会产生私心的根源，也是人类社会发生偷盗、抢劫、侵略、占领等犯罪事件或武力征伐的根源。

每一种目标作为欲望满足的客观对象，同时也作为一种外在的客体性存在，通常是不在自己手上掌握着的。即是说，一个人的欲标，通常也是很多人的欲标。这个欲标作为一种外在的资源性存在，谁对这个欲标资源具有占有权、管控权、支配权，谁就能够直接获得该方面欲望的满足。

谁拥有更多的和更优质的可以用来满足对方欲望的欲标资源，谁就占有社会群体的优势地位。这就是社会上之所以产生优势群体和弱势群体的根源，也是世人产生各种不平衡心理，以及产生羡慕欲、嫉妒欲、挫折感、权力欲、控制欲的根源。社会弱势群体不但缺少自己欲望所对缺的欲标权，也缺少他人欲望所对缺的欲标资源，即不论是对己方而言，还是对他方而言，都没有或很少有欲标权，都不能成为或很少成为欲权人，这样的人通常也是缺少足够社会价值的人，也是一个没有多少用处的人。

所以这样的人在寻求己方欲望满足的过程中也很难获得他人的积极互动、有效配合和众星拱月般的讨好；而那些更多地拥有他人所期待的欲标资源的人，会获得他人的积极互动、倾心配合、攀附谄媚和情感寄托。

当然，如果欲权人对欲望人不予关照，可能就会使欲望人产生嫉恨、厌恶、抱怨、恼怒等不良情感，甚至会有对抗和反叛等暴力事件的发生。随着人类社会的快速发展，世界上绝大多数的欲标性资源都实现了精细化的权力分割，几乎都有了特定的欲权人。“世界上没有免费的午餐”，即便简单如一顿饭，都是具有特定欲权人的，都需要你必须付出代价才能获得的。

正因为你的欲标掌握在别人手里，使你“不得开心颜”，使你为了满足欲望不得不与别人发生关系，建立联系，以赢得欲权人的认可、支持与配合。当然，欲权人能不能认可、支持与配合，往往是由你是否与欲权人构成某种欲望对缺互补关系，以便在某些方面可以满足欲权人的特定欲望期待，这是人与人之间出现买卖关系、互相利用关系、攀附关系、合作关系等与欲权人构成的各种特定社会关系的根源。没有欲望的对缺关系，便不可能产生这些社会关系。

这就是说，任何一种社会关系都是人类欲望关系的特定表现和特定反应。正因为你的欲标同时也是别人的欲标，使你不能“独乐乐”，你为了满足欲望而不得不与别人发生争风吃醋的竞争关系、对抗关系、攀比关系等，这是社会上出现此类关系的根源，也是欲望关系的一种特定表现和特定反应。

所以，欲望是人类社会关系得以产生、得以维持和得以发展的必要条件，也是人类社会建立各种秩序和规则的根本依据。

社会管理者或组织管理者往往利用这种为获得某个欲标而产生的竞争关系，专门设立特定的欲标对被管理者实施刺激性、激励性、秩序性管理，如设定某种正面荣誉性或物质性的欲标刺激物举办各种竞争比赛、工作竞赛以及各类评选活动，或者设定某种负面荣誉性或物质性的欲标刺激物对被管理者违反管理目标和管理规则的情况进行批评、惩罚等。

社会秩序及社会管理的实质就是欲权人对其掌握的欲标资源设定分配规则和程序，以使欲望人按照特定的规则和程序行事。人们为满足欲望而产生的针对欲标的竞争关系常常是社会秩序紊乱的根源，欲权人掌握的欲标资源的有限性也往往是社会竞争关系日趋紧张而激烈的根源，这就要求欲权人对于欲标资源要坚持分配公平性原则和程序合理性原则，否则便会出现不平则鸣的抱怨，无序则乱的纷扰，甚至出现针对欲权人的暴动和颠覆活动。

五、欲望与社会的平衡关系

人与人之间所建立起来的一切社会关系，归根结底都是欲望关系。一方面，由于欲望匮欠与欲望目标所具有的纠缠振荡关系，使得任何欲望人都必然与外在客观目标联系在一起，而这个世界几乎没有任何无主的土地、无主的财富或其他任何无主的东西，这就意味着任何外在客观目标都先在地被其他特定欲权人掌控着。欲望人与欲望目标的关系也因此演变为欲望人与欲权人的关系，更何况任何外在客观目标，处在相同或相近的客观环境关系中，通常也会成为社会性他者的目标，欲望人与欲望目标的关系也因此演变为欲望人与欲望人的关系。这就使人与人之间以特定目标为介质或纽带而联结为一种难解难分的社会关系，或竞争、或合作、或干扰、或排斥、或对立、或统一的错综复杂的社会关系。

欲望目标资源的社会他在性、有限性和欲望系统的对缺互补性，使得人与人之间必然呈现出你中有我、我中有你或你之所求亦为我之所需的对缺互补、交换互动关系。男女关系如此，家庭关系如此，朋友关系如此，组织内部的上下级关系如此，商场经济关系如此，社会上一切关系莫不如此。

一个人生活在社会上，邻近的个体性欲望场必然发生同性相斥、异性相吸的彼此干扰现象，这就使人与人之间的关系必然表现为欲望与欲望之间的关系。可以肯定地说，除了欲望关系之外，人与人之间便不存在任何关系。而且，我们还发现，只要是欲望关系便一定是不平衡关系，便一定是不平等关系。只有存在倾斜的不平衡、不平等关系，才能使人们产生朝着平衡和平等方向发展的内驱力。这就像物理学上物体的倾斜必然产生运动性势能，而设定怎样的势能就必然转化为怎样的动能一样。

我们有理由将欲望系统与社会系统的对立统一关系以及欲望关系决定社会关系和决定社会发展这一理论上升为欲望关系决定论，或简称欲望决定论。

我们同时还可以按照欲望场理论（见《欲望与场域心理学》）来分析，在个体欲望场之内，凡是与自我欲望有关系的人，便与自我结成了社会关系，亦即社会性他者进入了我的欲望场，成为切割自我欲感线的目标或对象，或因对象性他者的有益性特征而与自己相互吸引，或因对象性他者的有害性特征而与自己相互排斥。从而，由自我欲望关系而形成了针对于他者的主动性和能动性社会关系。

比如当你喜欢某个人时，或者依赖某个人帮助并指望其成全你的某种特定欲望时，你便会想方设法地、积极地与这个人交往，并尽可能以对这个人有益的方式而赢得其注意，赢得其好感，进而与其建立友好关系。

另一方面，在对象性他者的欲望场之内，你本人也可能以自身所具有的社会属性而设身于他者的欲望场，并成为切割他者欲感线的目标或对象，或因对他者有利而被吸引，或因对他者不利而被其排斥。

比如当你处在一个单位或者一个组织中，因为你的职务原因或某种特定的针对他者的社会性原因，而引起了他者的反感，或遭其嫉妒，或冒犯了他的尊严，或触及了他的职权范围，或悖逆了他的某种欲望性世界观方向，或干扰了他谋求某种利益的心谱，这意味着你无意中切割了他的欲感线，并使他产生了欲望感应电流，导致这个原本未设定在你欲望场域之内的人主动对你进行排挤、谗害、打击，让你在不知不觉中意外躺枪，从而与其建立起了被动的和受动的社会关系。

我们将欲望场理论中的欲望关系必然导致发生社会关系的现象或规律，称为欲望干涉效应。

按照欲望干涉效应原理，可以认定，对任何一个人而言，凡是对自己实现或满足某种欲望有利、有益、有用的人，都是自己想要主动交往和想要讨好的对象，并最有可能成为自我社交圈子之内的人，这些人的影像会经常出现在自我意识域之中，宛如出现在自我面前一样，并顺势引起自我产生乐观情绪和积极心态的反应。

凡是对自己实现和满足某种欲望不利的、有害的人，都是自己不愿交往、并努力排斥和打击的对象，这就决定了这些人必然成为自我社交圈子被努力排挤打压的人，必然成为自我意识圈子之内只能带来悲观情绪和消极心态的影像刺激信号。

凡是与自己欲望毫无关系的人，都不会成为自我社交圈子之内的人，都不会成为自我意识圈子之内的影像刺激信号，因此也不会成为影响自我认知、心理、意识、情绪、观念等精神活动的影像刺激信号，即不能成为自我意识的构成要素。所谓“物以类聚，人以群分”，即是以欲望导向作为划分的基本标准。

我认为一切卓越的政治家也都是合格的哲学家和心理学家，毛泽东可能就是这样一个人，他不但懂政治，还懂哲学，也懂心理学，他曾说过说："世上决没有无缘无故的爱，也没有无缘无故的恨"。

按照欲望动力心理学理论来分析，爱和恨都属于情感范围，从纯粹意识阈之内而言，一个人爱另一个人，一个人想念另一个人，惦记另一个人，关心另一个人，同情另一个人，都不是无缘无故的，这些人必然都是与自我欲望有关的人，不管他们在过去、现在或将来任何时空序列位置上，都或多或少对自己满足某种欲望产生过、或正在产生或将来可能产生积极的支持、帮助和影响。

一个人恨另一个人，嫉妒另一个人，抱怨另一个人，讨厌另一个人，诅咒另一个人，仇视另一个人，也同样不是无缘无故的，也都是与自我欲望有关的人，不管他们在过去、现在或任何一个时空序列位置上，都对自己满足某种欲望产生过、或正在产生或将来可能产生消极的干扰、破坏和影响。倘若一个人根本不想另一个人，不关注另一个人，不在乎另一个人，不琢磨另一个人，不思考另一个人，其原因就在于这些人都是在自我经历过的时空序列中与自我欲望毫无关联、毫无瓜葛的人，对自我欲望不产生任何直接作用和影响。

由此我们认识到，包括家庭伦理关系、儿提玩伴关系、学堂师生关系、社会朋友关系、单位上下级关系、男女恋爱关系，等等一切社会关系，都是欲望干涉效应的产物。

在一个自由开放的社会系统中，每个人由于各自生理条件、家庭条件存在着各种差异，不可能在同一时空序列的交点上产生完全相同的欲望属性或者完全相等的欲望形态，即便同时产生的食欲，其匮欠程度和对食物目标的需求程度或选择标准也不尽相同，这就是欲望系统所具有的个体差异性特征。

社会上几乎每个人都会具有不同的欲望形式，不同的目标选择标准，不同的意志倾向，不同的行为方式，并藉此形成不同的思维习惯、行为习惯、生活习惯，进而养成了不同的性格气质、脾气秉性、心理感受、思想观念、精神信奉，这就使每个人都必然呈现出不同的个性特征和人格面貌。因为这一特征或面貌的存在，社会管理者必然要根据不同的对象施行因人而异的教育方式、激励方式和管理方式。

但是，在一个完全闭合的社会系统中，身处社会政治、经济、文化、法律、道德、信仰等条件相同、相近或相似的环境背景下，以人与环境之间所存在的必然性依附关系和互动关系，以人的先天的生理条件的相似性和智能条件的近似性，致使不同的社会个体也必然会产生大致相同、相近或相似的欲望属性和欲望形态，这就是欲望的群体共性特征。欲望的群体共性特征必然产生欲望的群体效应。

比如在发生粮食灾荒的年景，大多数人的温饱欲上升为核心欲望，并使大家围绕这个欲望而展开方向一致的群体性行动；在发生战争的年代，大多数人的安全欲上升为核心欲望，并使大家围绕安全欲而展开目标一致的集体行动；一个国家的民众接受大体相同或相近的宣传教育，其所形成的世界观也大致趋同，很容易受到同一种号召的鼓舞并产生步调一致的行动；一个足够长的超过特定生理极限的会议结束之后，大多数人走出会场要去洗手间排便，而后再去寻找餐厅满足胃肠的需求。

一个国家、一个社会、一个组织的管理者不能违背群体共性欲望方向和极限，否则就必然会导致群体性骚乱事件的发生，这是一切治国理政者不得不遵循的欲望定律。

按照欲望的群体效应，在同一个社会中，只有在众多个体欲望出现大致相同、相近或相似的时候才能产生社会性组织或集团，借此形成具有足够效能的自我保护力和社会推动力，这是社会出现组织和形成集团的根本内驱力。

违反欲望的群体效应，就无法在社会上建立任何组织或集团；同样，也只有在众多个体欲望出现大致相同、相近、或相似的地方或方面才能产生普遍认可和普遍共守的规则、秩序、伦理、道义和法律等等，这是社会出现伦理道德、政治制度、法律制度或其他各种管理制度的根本内驱力。违反欲望的群体效应所建立的任何政策法规、伦理规则或管理制度都是反人类的、反人权的、反社会的、反文明的，不但无法得到拥护和遵守，无法得到落实和执行，而且还可能会给民众带来灾难，给社会的发展和进步带来禁锢，最后必然被否定、被推翻。

按照欲望群体效应，一切社会性行为都不可避免地要随着群体欲望走，随着群体欲望方向发生和发展，群体欲望方向就是政治发展方向、经济发展方向、文化发展方向、教育发展方向、伦理发展方向、道德发展方向、法律发展方向、制度发展方向以及人类文明发展方向。一切背离和偏误群体欲望方向的政治、经济、文化、教育、伦理、道德、法律、制度都是不会成功的，最终必然走向失败。

当个体欲望与群体欲望发生矛盾的时候，即个体欲望危害群体欲望或悖逆群体欲望的时候，个体欲望的展露或实施就会破坏群体欲望的推行和光大。这时的群体欲望就会发挥对个体欲望的打压和制衡作用，其打压和制衡的方法。首先是群体欲望推动的道义在个体心目中形成的软制衡力量，其次是以群体欲望推动并形成的法律规则或暴力规则而对个体欲望构成的硬威慑力量和惩治力量。

个体欲望为了不受到群体欲望的制衡和掣肘，欲望人可以采取如下五个办法来实现这一目的。

一是在内心深处隐藏不被群体欲望认可的个体欲望，让社会群体无从发现，无所察觉。这是社会上产生深藏不露、隐忍不发、韬光养晦等处事策略的根本原因。

二是在现实生活中隐藏个体欲行，虽然个体欲望有所实行，却不为群体所知。这是社会上出现偷盗事件和出现明修栈道暗渡陈仓等处事策略的根本原因。

三是个体欲望与群体欲望达成某种程度的妥协，通过交流互动手段实现或半实现个体欲望。这是社会上出现个体与群体或与组织之间经常发生谈判事件的根本原因。

四是个体欲望自行放纵，无所畏惧，公然对抗群体欲望，最后或以改变群体欲望、或以突破群体欲望的限制、或以接受或被迫接受群体欲望的制裁为结果，这是社会上发生革命事件、暴力事件、对抗事件的根本原因。

五是个体欲望与群体欲望在某些方面存在交集的情况下，利用交集部分融入群体欲望之中，部分地隐藏个体欲望，待到在群体欲望中获取成熟的机会之时再进一步暴露个体欲望，这时的个体欲望可能已经超越或凌驾于群体欲望之上而不再受到群体欲望的威胁。这是社会上出现曲线救国、委曲求全、曲径通幽等处事策略的根本原因。比如袁世凯与革命党达成某种妥协，既支持革命又反对革命，属于第三种情况，袁氏对满清政府表达效忠，最后自己却当了皇帝，属于第五种情况。

六、欲望与文明的平衡关系

本书的观点既反对禁欲，也反对纵欲。禁欲不但给人类的本能套上了禁锢的枷锁，也给社会前进的脚步戴上了闭锁的镣铐。但同时我们也应该认识到，所谓禁欲要看禁的是什么欲？纵欲要看纵的是什么欲？恶欲当禁，善欲当纵。人之善恶，皆与欲望相关。换句话说，人之善恶在本质上源自于欲望的善恶。欲望对于自我而言不存在善恶关系，只有置之于社会之中，面对社会性他者而言才会表现出善恶之别，对别人有利的即为善，对别人不利的即为恶。

欲望的善恶有三大表现形式：

一是欲望的根本属性是善的或恶的；

二是欲望实现满足的行为方式（即手段）是善的或恶的；

三是欲望的表达结果是善的或恶的。

人类的一切善恶都超不过这三种形式。如母亲爱孩子，从根本属性上说是善的，根本属性决定欲望方向，也决定欲望动机，这没有疑问。但如果爱得过头了，就变成了溺爱，最后不但没有达到爱的目的，却很可能使孩子无法融入社会，甚至走上了犯罪的歧途，陷入了“惯子如杀子”的恶性困境，这在欲望的表达结果上来说即是恶的。生活中有很多好心办了坏事的案例，都属于欲望的根本属性是善的而欲望的表达结果是恶的这类情况。

也有另外的情况，即一个人欲望的根本属性是恶的，因而其欲望方向和内在动机也是恶的，但可能用假惺惺的善的方式来表达。比如，一个人想骗取另一个人的信任，必施以善良的、增强好感的和可信赖的表达方式，这是在欲望的实现或满足方式上表现为善，而在欲望的根本属性上却是恶的。同样，一个人在欲望的根本属性上是恶的，但在具体实施过程中却可能出现了相反的结果——即善的结果，这又是一种情况。

比如某国企一位经理对某下属心存偏见，没有好感，不管这位下属如何卖力工作，也得不到经理的赏识和重用，非但如此，这位经理还经常给他出一些难题，制造一些麻烦和事端，让这位下属很难堪，最后终于利用一次裁员的机会，让他卷铺盖走人了，其恶的欲望目标达到了。但这位下属走出这个企业后，走投无路，只好自己创业，时间不过三年，便自行创立了一家公司，又过了八九年，凭借着他对业务的精通和敬业精神，他把公司很快做成了行业里数一数二的顶级公司，并远远超过了他当年工作过的国有企业，成为一位耀眼的明星企业家，企业资产达到千亿元，业务遍及世界各地，最后把原来工作过的企业也吞并了。

成功后的这位明星企业家说，他很感谢当年那位对他施恶的经理，正是他的恶换来了他善的结果。对那位经理来说，他的欲望的根本属性和内在动机是恶的（是想给这位下属一个不利的结果），表达方式也是恶的（采取排挤和炒鱿鱼的方式），但其欲望的最终结果却是善的（被排挤和被炒鱿鱼之后的下属摇身而变成了著名企业家）。

由此看来，欲望的善恶并不是绝对的，但人们最在乎的则是根本属性和内在动机的善恶，在一般情况下，欲望内在动机的善恶直接决定着欲望的表达方式（手段）和表达结果的善恶。同时，我们也应该看到，有些欲望在根本属性和内在动机上并无善恶之别，而只是在表达方式和表达结果上存在善恶问题。比如正常的人皆有性欲，性欲本身无善恶之别，但是倘若以社会承认的方式如与婚姻配偶释放性欲，则为善，而以强奸等方式和手段释放和满足性欲，则为恶。

这就是说，一个欲望不管是根本属性上，内在动机上，还是在表达方式上，或者在表达结果上，如果对他人对社会有好处，我们则称之为善欲，这样的欲望当然不能禁，而应该纵；如果对他人对社会有害处，即为恶欲，这样的欲望当然需要禁，而绝不应该纵。所以简单地倡导禁欲或纵欲都是错误的，关键是要看欲望的根本属性和内在动机、欲望的表达方式和欲望的表达结果若何。

人不能没有欲望，特别是不能没有善良的欲望。很多时候，人们的要求高，欲望高，希望获得更大的和更多的满足，并不属于纵欲的范畴，这些欲望不但是人生意义的根本体现，也是人类追求上进、谋求幸福和实现高度文明的根本动力。

欲望是理想的支点，理想是欲望的一种高级表现形式。理想从本质上说是带有理性的欲望。人们想吃好的，穿好的，住好的，玩好的，用好的，享受好的，这些欲望，本身并没有错，非但没有错，还应该加以鼓励和推尚，因为人类进步就是由这些不断“往好了想”的欲望指明的方向和内化的动力。

如果说要在这些方面倡导禁欲的话，应该禁止的是为实现和满足这些欲望而采取的不正当的、邪恶的和错误的表达方式（满足手段）。这里应该禁止的并非性质问题、方向问题、动机问题，而是手段问题。员工在工作的时候，工作的主观努力方向可能是好的、善的，但主管仍然对员工千叮咛万嘱咐，让他们保证质量，不要出现安全问题，特别是食品行业，更不能出现食品安全问题，这是在欲望的结果上的担心，生怕出现恶的结果。制作食品这件事本身作为欲望的本质内容和努力方向没有错，当然不能禁止，但在实现这个欲望的过程中要禁止出现恶的结果。

即一个欲望具有四个阶段：产生（内容与动机）、行动（实施满足欲望的行为）、方向（满足欲望的手段）、结果（欲行实施后产生的结果）。这四个阶段各自都存在善恶问题，我们在讨论一个人的欲望的时候，就要把这四个阶段分开来看，才能看到问题的本质，才能找到抑恶扬善的方法和措施。

所以，从欲望的善恶属性上看，指望人们靠“禁欲修身”或“少欲知足”

的办法来消灭为实现欲望而采取的不正常的手段的观点，显然是短见的、浅薄的和错误的。印度20世纪伟大的哲学家、心灵导师克里希那穆提说："对欲望不理解，人就永远不能从桎梏和恐惧中解脱出来。如果你摧毁了你的欲望，可能你也摧毁了你的生活。如果你扭曲它，压制它，你摧毁的可能是非凡之美。"同样的，如果一个社会扭曲欲望，压制欲望，那么这个社会摧毁的也可能是事关人类文明的"非凡之美"。

人生就像一条欲望的河流，内中流淌的不是水，而是人的各种欲望。人类社会却似一个永远不会干涸的欲望海洋，似乎随时都可能掀起波涛和巨浪。正是因为有这些波涛和巨浪，才使这个世界呈现出如此生动活泼、风雷激荡、千帆竞发、万舸争流的景象。

欲望是人类寻求发展和开创文明世界的动力之源。人类的一切活动，无论是政治、战争、商业，还是文化、宗教、艺术、教育等一切领域中的活动，都是自身欲望驱动的必经过程和必然结果。

七、欲望力与意志力的平衡关系

人类欲望系统蕴藉着一种力的平衡关系。人的欲望既是一种驱力也是一种引力。说它是驱力，其发力点在匮欠处，因为欲望的匮欠一旦产生出来，便会驱动人心为之思考，驱动人体为之行动，驱动人的表情为之作态。人的一切思想、行为都是在这种驱力作用下产生的；说它是引力，其发力点在填充物目标上，因为欲望一旦出现，便会产生一种辐射力，一切与欲望有关的目标都成为被辐射的对象，并进而成为吸引欲望主体的对象。

除此，欲望还会从心里挥发出来，洋溢在人的体表，灿如鲜花，产生一种独特的魅惑力。正如前面举过的例子：一个性欲盎然的妖艳少妇和一个性感全无的枯瘦老妪相比，谁的吸引力更大则是不言而喻的。

目标对于欲望主体所产生的吸引力与欲望主体内在匮欠所产生的驱动力，其大小是一致的，相等的，二者最终相交于目标之上。这就是说，欲望的驱力与目标的引力是观察者对于欲望力在不同视角上的不同描述。外在目标的引力在外部发动和发生作用，内在匮欠的驱力在内部发动和发生作用。鉴于欲望与自身的匮欠和填充物目标之间不可分割的特殊联系，我们将目标引力和匮欠驱力统称为欲望力。一个人有多大的欲望就会产生多大的欲望力。同时，我们发现，欲望力从内在心理和精神的视角上可以直接转化并表现为意志力。

人的意志来自于欲望。有多大的欲望，就会产生多大的意志，就会产生多大的意志力。我们听说过越王勾践在复国复仇的抱负驱动下卧薪尝胆终于如愿以偿，也听说过牛顿、诺贝尔等无数伟人所创造的举世辉煌，他们的内心深处都曾涌动着强烈的欲望的暗流，鼓舞着他们持之以恒、执着无悔的奋斗和拼搏。这些人的意志力之所以强大无比，就在于其欲望力也非一般人所能企及。

意志力也是自我控制力，意志力随着欲望力的大小变化而变化。一个一心一意想当官的人，就要在各方面严加管控自己，训练自己，包括吃苦耐劳提高能力，忍气吞声修炼脾气，装模作样收敛贪欲，这一切都要依靠意志力、自制力或管控力。正如教育研究者所认为的那样，一个孩子能否成才，并非完全是由其智商决定的，也是由其自制力决定的。一个意志力薄弱的人是不可能成就大事的。

欲望作为一种原始冲动，必然产生一种内在匮欠性驱力和外在目标性引力，亦即欲望力。欲望力处于生理性或心理性内在环境和客观性外在环境的变化之中，通常只能表现为一种不稳定的内在力量，不但经常发生相生相克、此消彼长的倾轧性变化，而且也随着内在生理能量、心理能量和外在环境及目标的动态性变化而出现休眠或觉醒的变化，这就使得欲望及欲望力始终是一个不稳定的变量。

而意志则是借助于欲望冲动的惯性力量（即欲望力）而产生的比较稳定的心理坚持力和精神支撑力，即意志力。欲望经过发酵、沉淀和筛选而逐渐走向理性化，经过理性化的欲望不再仅仅停留在暂时的意念冲动层面，也不再仅仅停留在一种简单的意志倾向中，而是演变和上升为一种相对稳定的心理和精神的认同力、执着力、信念力、坚持力、决策力和执行力。随着意志力的日益增强，内在的人格开始形成稳定的框架，人的毅力、恒心、决心、信念、志向等优秀品质都会集结于意志的麾下，并逐渐推动观念、理想、信仰、主义等更高层精神内容的形成。一般而言，欲望越大，欲望力越强，经此欲望力驱动而产生的意志力也越强。意志力在更多的时候则表现为一种自制力、自我控制力、自我调节力和顽强执行力。

在意志力统摄下所构建的精神世界已经远非暂时的意念冲动或者简单的意志倾向所能涵盖的。当精神的内容演变为一种饱满丰硕的人格品质时，就会幻化为一种可感可知的凌空高蹈的旗帜，并对周边的人群和社会产生重要影响。

在一个社会中，只有在众多个体欲望出现相同、相近或相似的时候才能产生群体欲望，有了群体欲望之后才能产生社会性组织或集团，以便让这些个体欲望形成具有足够保护力和推动力的强势欲望和强势力量。这是社会出现组织和形成集团的根本内驱力。同样，也只有在众多个体欲望出现相同、相近、或相似的地方或方面才能产生普遍认可和普遍共守的规则、秩序、伦理、道义和法律等等。所谓“物以类聚，人以群分”，即是以欲望倾向作为划分的基本标准。

社会群体、集团、党派最终会演变成一种强势的社会性意志力量，即群体意志。群体意志大多是在相同或相似的环境中产生的，一旦形成，便具有看不见摸不着的神奇的凝聚力，团结力，组织力，号召力，煽动力，成为一股不可小觑的社会力量。党派、团体、集团等社会性组织的建立，基本上都是以统一的意志方向为基础和前提的。因此，社会意志既包括个人意志，也包括党派意志、集团意志、国家意志和民众意志等。

党派意志或许代表了一部分民众的意志，但不可能代表所有人的意志，这就出现了党派意志与民众意志或个人意志发生龃龉甚至发生斗争的必然性和可能性。但民众意志和个人意志因为缺乏组织性，因此不具有社会组织所特有的竞争力量。这样一来，党派意志常常占居上风，并成为主导社会意识形态的重要意志力量。但也正是这种党派意志经常站出来强奸民意，以其特有的力量发声，甚至借助暴力机器控制民众意志，并最终实现控制民众的目的。

所以，党派意志很有可能会演变成民众意志或个人意志的敌人。对于党派而言也同样如此，与党派欲望或党派意志相对立的人可能都是党派的敌人，即一切非具有党派意志的民众几乎都是党派意志的敌人。我们把社会意志分为党派意志、集团意志、国家意志、民众意志、个体意志等，这些意志最终皆以统一于民本意志、民生意志、民主意志、民族意志、人类生存和发展意志为归依。一般而言，越是符合更广大的民众意志的团体意志，越能够得到社会的拥戴、推举和赞同，因此也越能够得到持久延续和发扬光大。

个体意志来自于个体欲望，并反过来对个体欲望产生约束、修正和服务作用；群体意志来自于群体欲望，并反过来对群体欲望产生约束、修正和服务作用。个体欲望既要获得充分的满足，又要不受群体欲望的牵累、掣肘和制衡，就必须具有足够的意志力以压抑和修正自身某些欲望的展现和暴露方式，以便更好地为核心欲望服务。这个意志力与欲望力的较量，贯穿于几乎所有人的一生。但是，意志力与欲望力究竟哪一个占上风，决定了这个人一生的成就和发展。

有些个体欲望和个体意志可能与群体欲望或群体意志具有一致性，如某个人倾注于某项发明创造的欲望通常也是群体欲望的方向，会受到群体欲望的支持、推动和鼓励。但也有一些对个人有好处的欲望，却不一定会对群体欲望有好处，对群体欲望有好处的欲望，也不一定对个体欲望有好处，有的是不被社会群体欲望所接受的，因而也同样会受到群体欲望和群体意志的制约或惩治。对这些不被群体欲望和群体意志接受的个体欲望，最安全的自我保护措施就是借助于自己的意志力或控制力，收敛和压抑自身欲望的展现和实行。

人的理性控制只是暂时的，最终还会以欲望力的胜出而告终。理性的力量和欲望的力量哪个更强？这一点从长远的观点上看，欲望力是战无不胜、攻无不克的，而意志力却是有限的，欲望力是无穷的。但作为社会管理者却要求人们具备足够的自我管理的意志力，以便让人们循规蹈矩地生活在管理者设定的条条框框之中，这当然是可圈可点的。

八、欲望力定律

有趣的是，精神世界与我们所生活的物理世界一样，也严格遵循牛顿力学定律、爱因斯坦相对论和量子物理学原理。因为精神世界也是由诸多元素构成的，各元素之间也存在着相互作用、相互吸引、相互对抗的关系。

就拿欲望力而言，在一个封闭的欲望系统中，主体内部有多大匮欠激发的驱动力，外在目标便会对主体产生多大的吸引力，亦即自我内部出现多大的亏空，就应该施之以多大的外部补偿。严格地说，内在的驱动力与外在的吸引力是相等的关系。因此，欲望力既包含驱动力也包含吸引力，是驱动力与吸引力之和。如果我们把内在匮欠发出的驱动力称之为作用力的话，那么，外在目标发出的吸引力便是反作用力。反之，当外在目标产生的吸引力是作用力时，那么，内在匮欠产生的驱动力便是反作用力。

我们每个人都有机会体会这种力的作用效果。一方面，源自于主体匮欠发动的驱动力，是朝向外在目标物辐射而去的，对于整个自我所产生的作用是推力；另一方面，源自于外在目标发出的吸引力，是朝向欲望主体反射而来的，对于欲望主体所产生的作用并不是推力，而是拉力。如果我们把匮欠和目标比作两个不重合的质点（要知道二者如果重合则正负相抵，欲望消失），那么，匮欠引发的驱动力就像从匮欠点发出的一条笔直的细线，直接投射到自我大脑中枢，并把自我绊住或缠住了，所产生的作用是促使自我产生逃离或摆脱匮欠的意志冲动。

同理，目标反射而来的吸引力也像从目标点朝向自我发出的一条笔直的细线，直接投射到自我大脑中枢，并把自我拴住或黏住了，所产生的作用是促使自我产生追逐或捕获目标的意志冲动。这很有点像渔夫在大海中用鱼镖捕鱼，渔夫站在船上或岸上，手中攥着鱼镖和镖绳，发现目标后迅即把鱼镖投射出去，射中鱼之后，将鱼拉到船上或岸上。渔夫投射的过程就相当于欲望主体发出的驱动力，拉回的过程则相当于目标（鱼）反射给欲望主体（渔夫）的吸引力，是驱动力产生的反作用力的实际效果，这个效果使匮欠点与目标点二者实现了欲望性重合，并最终使欲望主体（比如渔夫）达到了欲望目标（捕鱼目的）。

我相信人的欲望力在人的心理世界或精神世界所产生的作用也同样遵循牛顿力学定律，但在欲望系统中我则称之为欲望力定律。

这里我们暂且回顾一下牛顿的三大著名运动定律，以此与我提出的欲望力定律做一番比较性研究。或许有人认为这种比较性研究可能会存在很多牵强之处，但仔细研究之后却可以意外发现隐藏在人类主观世界中的玄机和奥秘。

牛顿第一定律（惯性定律）

任何一个物体在不受外力或受平衡力的作用时（Fnet=0），总是保持静止状态或匀速直线运动状态，直到有作用在它上面的外力迫使它改变这种状态为止。

牛顿第二定律（加速度定律）

物体加速度的大小跟作用力成正比，跟物体的质量成反比，且与物体质量的倒数成正比；加速度的方向跟作用力的方向相同。

牛顿第三定律（作用力和反作用力定律）

两个物体之间的作用力和反作用力，在同一直线上，大小相等，方向相反。

第一定律说明了力的含义：力是改变物体运动状态的原因；第二定律指出了力的作用效果：力使物体获得加速度；第三定律揭示出力的本质：力是物体间的相互作用。

藉此我按照欲望动力心理学原理，推导出欲望力三大定律：

1. 欲望力第一定律（欲望力惯性定律）

任何一个欲望主体在没有内在匮欠驱力或外在目标引力的作用时（欲望 =0），总是保持自我（包括自我躯体、自我心灵、自我心理、自我情感、自我意识、自我意志、自我精神、自我行为等）静止状态或自我平稳生存状态（包括自在性的生理运动状态、日常性的行为运动状态、习惯性的生活运动状态、平稳性的心理活动状态等），除非有欲望力作用于主体自我并迫使自我改变这种状态。

一个人在没有欲望驱动的时候，心态是平静的，心理是平衡的，情绪是稳定的，精神平和的，以致不会产生任何具有其他目的的特别行动，这与牛顿第一定律所揭示的“保持静止状态”的惰性原理如出一辙；当然，如果这个人本身处在平静的生活情境中或习惯性地做着某项日常工作，在没有其他欲望发生的情况下，便不会自乱方寸，自乱方向，自乱脚步，他会习以为常地和依然故我地保持着原有的心态，过着与以往一样的平静生活，做着与以往一样的日常工作，绝不会发生其他异常性改变。这与牛顿第一定律中所谓保持“匀速直线运动状态”的惯性原理毫无二致，具有完全相同的力学逻辑思想。

2. 欲望力第二定律（欲望力加速度定律）

欲望主体发生的自我生存状态变化速度（包括心理变化、情绪变化、意识变化、思想变化、精神变化、行为变化等），跟主体自我所受到的欲望力成正比，跟主体自我生存质量（包括客观条件指标和主观条件指标两个方面，客观条件指标包括自我身体健康程度、物质保障程度、安全保障程度等；主观条件指标包括自我心理感受好坏、自我感觉舒适度、自我生活满意度、自我生活幸福感等）成反比；变化的方向跟欲望力的方向相同。

公式为：F=ma，F 为欲望力，m 为自我生存质量 ,a 为变化速度（相当于加速度）。

其中，所谓“自我状态变化速度”相当于牛顿第二定律中的“加速度”概念。一个人在没有欲望力驱动的时候，一般都会处于相对“静止”状态，或置于安常处顺的惯性生活状态。而一旦产生了某种欲望，原有的自我状态就会随之发生改变，包括其心理秩序、思维秩序、情绪状态、行为状态、生活习惯、工作习惯就会由此而被打乱。而且其欲望越大、越强烈，其思维、意识、心理、情绪、精神和行为等活动都会加速运转，包括心理波动频率、情绪波动频率、思维活动频率、精神活动频率、肢体活动频率等等，都会越来越高，越来越快，越来越紧张，甚至表现得心急如焚，亟不可待。

反之，如果欲望越小，越微弱，其自我思维活动、意识活动、心理活动、情绪活动、精神活动和行为活动等都会缓慢运行，其活动频率也都会越来越舒缓，越来越松懈，表现得不慌不忙，不急不躁。这说明，一个人想事情、做事情，其思维或行为等活动频率（或速度）都与其欲望力的大小息息相关，即自我状态改变速度与欲望力的大小成正比。

另外，欲望力定律所谓“跟主体自我生存质量成反比”，其中“自我生存质量”的取值难以计量，可以笼统地设定为六个等级：极差、非常差、很差、较差、略差、不差，其取值可分别设定为 −0.5 级、−0.4 级、−0.3 级、−0.2 级、−0.1 级、0 级。各级别取值之所以全部设定在 0 级以下，就因为一当达到 0 级或 0 级以上时，表明整个自我已经从严密闭合的欲望系统中游离出来了，进入了无欲无求的自在状态。在没有匮欠、没有欲望的情况下，再来计算所谓欲望力已经没有实质性意义了。正所谓“没有压力便没有动力”，0 级状态即为欲望力第一定律所描述的“静止”状态，或“自我平稳生存状态”，其欲望力等于零，所以整个自我生存状态的变化速度也等于零；一旦有欲望发生，便会产生欲望驱动力，并促使自我生存状态或现状发生改变，既然改变就会产生速度，而且欲望驱动力越大，其改变速度也应该越大。但自我生存质量如果比较优越，达到接近于 0 级状态，其对于欲望匮欠的承受力和抵抗力（即所谓抗压能力或抗风险能力）就会比较强，反之就会比较弱。

这就像一个膀大腰圆的健壮成年人与一个羸弱瘦小的婴幼儿相比，同样是发生了程度相同或相近的饥饿性匮欠，其欲望力相同，但两个人的承受能力却大相径庭，婴幼儿可能躁动无比，哭闹不止，为获得食物急不可耐，恨不得马上吃到嘴里，如果不能及时进食，顶不了太长时间就会被饿晕；而健壮的成年人却并不那么急切，即便被煎熬的时间更长一些，也不会轻易被饿晕。这说明，欲望主体的思维频率、情绪频率或行为频率（相当于自我变化的加速度）跟这个人的自我生存“质量”是成反比的。

同时，欲望主体的活动变化加速方向与欲望力所驱动的目标方向是完全相同的，其意志力方向与欲望力方向也是完全相同的，这就意味着，欲望主体想要什么，就会朝什么目标去努力，朝什么目标去争取。

自我状态发生变化的加速度a，可以用心理波动速度、情绪波动速度、思维活跃程度、精神活跃程度、行为变化速度等若干指标来衡量。但这样描述似乎仍然无法获得一个精准数值。为了简便起见，我们可以根据情绪波动与心脏跳动、脉搏波动之间的正比例关系来确定 a 的取值，即正常人在平静状态下的心电图和脉搏频率是个相对确定值，而在受到欲望力冲击时，心理和情绪必然会产生波动，其心电图及脉率等也必然会发生不同程度的改变。

另外，考虑到人的欲望不但受到个体生理发育水平的影响，同时也会受到个人见识、阅历、经验、习惯以及理性自控能力的干预，而这一切在通常情况下均可以通过年龄变化体现出来。一般地，年龄越长的人，其自我发育更显成熟，其见识、阅历、经验也更多，对欲望的控制调节能力也越强一些，心情波动水平也越低一些。反之，年龄小的人见识短浅，缺乏历练，对很多事情都不会像年长的人那样看得开，心胸狭隘、性情直爽，不善伪装，一当受到欲望力冲击，特别是受到较强欲望力冲击时，常常把持不住自己，喜怒哀乐发之于心而形之于色，明显表现出欲望力的内在驱动效应。

由于欲望力属于心理世界、主观世界或精神世界中特殊的“力”的表现形态，其与物理世界中机械力的表现形态具有很多不同的特点，所以，在计算机械力时所使用的单位，与计算欲望力时所使用的单位也必然表现出一定的差别性。鉴于任何欲望都发生于特定的时空交叉点上，欲望力公式中应该包含特定时空属性及其意义。很显然的，欲望力与心率、脉率以及振高、振幅均成正比，同时在计算欲望力时似还应考虑年龄系数。这样，通过计算所得到的欲望力单位虽然比较复杂一些，但也可以简化为一个“振”字来作为欲望力的计算单位，借以表示欲望力对于人类个体自我心理世界或精神世界所产生的纠缠振荡作用以及心灵振撼意义。

至于如何确定上述涉及心率或脉率、振高或振幅等数值，似均可以借助现成的物理学方法来获取。当然，我在这里所列举的影响欲望力的因素未必很全面和很科学，不同的学者可以根据自己的研究兴趣考察影响欲望力的相关因素，并设定更科学的计算公式和计算方法，以便对心理世界或主观世界中的欲望力做出更近乎于理性的数学解释。

我在这里不过是根据牛顿力学的分析方法，而试图对人类主观世界中的欲望力做一次别出心裁的理论解读，或许可以作为一次抛砖引玉的尝试，以启发后学者进行更深入细致的研究和思考。

3. 欲望力第三定律（匮欠驱动力和目标吸引力定律）

欲望主体内在匮欠所产生的驱动力与外在目标所产生的吸引力，以自我为中心点连接在一起，并在同一条直线上，在内连接着匮欠，在外连接着目标，二者大小相等，方向相反。

这就相当于同一个自我面对正负完全相反的两个东西，一者是匮欠，“我”要设法离开这个匮欠，宛似匮欠产生了一种对“我”的推动力；一者是目标，“我”要设法追赶这个目标，貌似目标产生了一种对“我”的吸引力。

如果把匮欠看作中心的话，“我”在发生匮欠时，就要主动逃离它，摆脱它，“我”与匮欠之间发生的力相当于一种离心力，说明这个力是与匮欠所在的方向完全相反的，是将“我”向外推、向外甩的力。而实际情况则是匮欠的驱力属于客观意志力，在我发现它时，即转化为我想逃离它的主观意志力，因为匮欠不会主动选择逃离，能够主动选择逃离的只能是作为欲望主体的“我”，所谓“离心力”实际已变成了“我”

主观施加的力。

如果把目标看作中心的话，“我”在发现目标时，就要主动追逐它，获取它，“我”与目标之间发生的力相当于一种向心力，说明这个力是与目标所在的方向完全一致的，是把“我”向里拉、向里吸的力。而实际情况则是，目标的引力属于主观意志力，在我发现它时，就知道它具有填充匮欠的功用，所以才会主动选择它作为目标的。所谓“向心力”也自然是“我”主动施加的力，体现为目标吸引了“我”，而不是“我”吸引了目标，我要主动朝着目标而去，而非目标主动朝着我而来。

由于匮欠在内，目标在外，匮欠向外的驱动力作为作用力和目标向内的吸引力作为反作用力，这两个力几乎同时作用在同一个欲望主体上，二者完全合并为一条直线，且方向一致地将我推到或拉到目标上去。

所以，在以上这两种情况下，欲望力应该等于匮欠驱动力与目标吸引力之和，这或许可以作为欲望常常以膨胀方式呈现出来的理论根据。

公式（1）为：$F=f+f'$，F 为欲望力，f 为匮欠驱动力，f' 为目标吸引力。由于 $f=f'$，所以，$F=2f$ 或 $F=2f'$。

由于 F 可以尝试从欲望力第二定律的公式中计算出来，则匮欠驱动力和目标吸引力或许也都可以藉此得到确定的数值。

但情况未必完全是这样。如果我们以作为欲望主体的自我为中心的话，那么，内在匮欠造成的驱动力与外在目标造成的吸引力则是来自两个完全相反方向的力。面对匮欠，“我”反感它，“我”要把它推出去，这个推力是向外的；面对目标，“我”喜欢它，“我”我要把它拉过来，这个拉力是向内的。如果这样分析，那么匮欠驱动力的方向和目标吸引力的方向就是完全相反的了。

公式（2）为：$f+f'=0$。

匮欠驱动力为作用力，但其反而为负；目标吸引力为反作用力，但其反而为正。二者绝对值完全相等。正负等值而相加则等于零，即在欲望获得满足的情况下，欲望消失。但在未予满足时，则 $f=-f'$，表明个体自我正处于欲望不能获得满足的心理失衡状态、情绪激荡状态、矛盾僵持状态和行为躁动状态，也是欲望力发生最大作用并表现出的最紧张状态。

在以上三种情况中，其实不管是哪一种情况，内在匮欠驱动力和外在目标吸引力都是完全相等的，有多大的内在匮欠驱动力，就必然会产生多大的目标吸引力，就像出现了多大的亏空就必须用多大的目标物来填平填满一样，这同时与牛顿定律所描述的作用力与反作用力完全相等的含义异途同归。

欲望力第一定律说明了欲望力的含义，欲望力是改变自我存在状态的原因；欲望力第二定律指出了欲望力的作用效果，欲望力使自我获得寻求改变的加速度；欲望力第三定律揭示出欲望力的本质，欲望力是内在匮欠与外在目标之间的相互作用和相互感应。

根据欲望力定律，可以得出如下一些推论。

（1）个体自我的内在匮欠驱动力＝外在目标吸引力，只有在二者趋于平衡时，人心才能达到基本的安定状态和平静状态。

当欲望人的匮欠过大，或者胃口太大时，其产生的驱动力也同样很大。如果作为掌握目标资源的欲权人仅仅给欲望人一个较小的目标承诺或目标兑现时，对欲望人的吸引力是远远不够的，不足以稳住和慰藉欲望人的心理。

只有加大目标资源的投入或供给，提高目标吸引力，使欲望人的驱动力与欲权人给予的目标吸引力接近或相等时，才能使欲望人达到心理平衡状态和自我稳定状态。而且，也只有相近或相等时，才是最适度和最节省的，否则，偏少则不足以给与安抚，偏多则造成浪费。正如一个企业用人时，能否用最少的钱留住人才，其关键就在于能否把握好和坚持好两种力的平衡原则。即匮欠驱力＝目标引力时，人心平衡且稳定，可以让人才更能安心地在本企业工作。

这是欲望力定律的第一个推论。

(2) 驱动力（作用力）与吸引力（反作用力）互为共轭，二者总是成对出现，并几乎同时发生，同时变化，同时消失。

在一个封闭的欲望系统中，没有内在驱动力，便不会产生外在吸引力，亦即没有匮欠发生，便不会产生欲望，因此也不会产生欲望目标。同样，没有目标吸引力，意味着欲望人没有针对该目标方面的匮欠性事件发生，因此也不会产生驱动力。

不拘哪一个是作用力，都要成对出现。一方作用力变小，另一方反作用力也会变小；一方变大，另一方也变大；一方消失，另一方也随之消失。即匮欠消失时，表明欲望已经获得满足，匮欠已被填平，不再产生内在驱动力了。在此等情况下，目标也不再成为目标，换句话说，没有欲望的目标是不存在的。既无目标也就意味着不再有任何吸引力存在了。一个饥饿的人看见面包时，面包会对他产生吸引力，甚至使他口腔分泌唾液，造成胃肠蠕动；一个饱足的人看见面包时，可能会视若无睹，面包不会对他产生吸引力，他也不会发生任何与面包有关的行为表现。

这是欲望力定律的第二个推论。

(3) 驱动力（作用力）和吸引力（反作用力）在匮欠与目标这两个不同的对象上，各产生其效应，永远不会自行消失。

在一个封闭的欲望系统之中，只存在两个方面的东西，一个是匮欠，一个是目标。匮欠产生的驱动力直接作用于自我大脑中，并促使自我对匮欠产生反感，产生注意、警觉以及逃离和躲避匮欠的欲望效应；而目标产生的吸引力直接作用于自我大脑中，并促使自我对目标产生好感，产生注意以及追求和占有目标的欲望效应。

这两种力不会自行消失，只能通过发生实际填充效果而逐渐变小，直至目标全部填满匮欠，两者共同消失。驱动力和吸引力持衡之时，表明欲望处于期待或胶着状态，而只有产生某种特定的效果时，才是给予欲望主体以真实回应的结论。所以，两种力经过对抗和对应而产生的实际效应，决定了欲望主体的满意度，决定了欲望主体对于目标及其欲权人的心理感受和评价。

这是欲望力定律的第三个推论。

(4) 驱动力（作用力）和吸引力（反作用力）是同一性质的力。

不管是内在驱动力还是外在吸引力，都是同一个事件引起的，在性质上是相同的。为食欲而起的驱动力，必然在食物目标上反馈其吸引力，在食物目标上产生的吸引力，必然在食欲匮欠上产生与之对应的驱动力，而绝不会对性欲产生欲望意义，表明欲望力具有封闭而严谨的对应性。

一个人一心爱好文学，他进入图书馆看书，在众多书籍中只挑选与文学有关的图书，而对其他图书却视若无睹，而一旦有新上架的文学名著，立即吸引他的眼球，而对于其他新上架的医学名著、天文学名著却不屑一顾。在茫茫人海中，你寻找的那个人往往是与你某种欲望有所相关的人，而对你的欲望毫不相干毫无影响的人，你往往会视而不见，漫不经心，头脑中很难留下具体印象。

这是欲望力定律的第四个推论。

(5) 在匮欠与目标之间的相互作用力既可以是接触力，也可以是场力。

在欲望系统中，内在匮欠驱动力不因为与外在目标的直接接触而产生，外在目标吸引力也不因为与欲望主体（或内在匮欠）直接接触而产生。只要发生欲望事件，即便未见到某个目标，也会在欲望场中产生表象性的目标，这些表象性的目标即便是空中楼阁，也会对欲望主体产生吸引力。这一点，我将在欲望场理论中有更详尽的描述。头脑中想象一种酸梨或酸梅，即便没有接触，没有真正品尝到，口中可能也会泛出酸水。这就意味着，欲望力不一定是接触力，也可能会以场力的形式发生作用和反作用。

这是欲望力定律的第五个推论。

以上五个方面均由欲望力定律得出的推论，其内容可简单归纳为：同时、同性、异物、等值、反向、共线。因此，人类心理系统、精神系统、意志系统、欲望系统中产生的任何力，都遵循牛顿经典物理学定律，都遵循严谨的科学逻辑，都能在人类精神空间中做出物理性描述。

第六章　欲望驱动下的人类行为定律

——欲望的自我性与行为的社会性

欲望是人类一切行为的导向和驱力，人类的一切活动无一不是朝着欲望力的方向而动，往细了说就是朝着与匮欠相反的排斥力方向而动，或者朝着与目标吸引力所牵拉的方向而动。

这两个方向的力以目标填充匮欠的方式合二为一，合成彼此共轭和对立统一的欲望力，最终目的是达到欲望的满足和身心的舒适与平衡。由此可见，有什么样的匮欠必对应什么样的目标，必产生什么样的行动。

威廉·詹姆斯在他的《心理学原理》中也曾经指出："实现目标的观念和条件决定进行何种活动。而对未来目标的追求和对现实目标的手段的选择是心理性在一种现象中存在的标志和标准。"这就说明欲望目标与手段选择都是决定人类行为活动的基本要素。

一、人类行为定律

根据欲望动力心理学理论和前人研究成果，我们可以为人类的行为推导出四个定律，简称人类行为定律：

(1) 行为 =（欲望 + 本能）× 环境系数。这是人的低级行为定律

环境系数指的是人作为特定环境中的主体性存在，始终受到环境的

牵制和影响，有利的舒适的优越的环境和不利的不舒适的恶劣的环境会使人产生不同的欲望并激发不同的本能，这个系数是由人类五官所能感受到的客观条件因素决定的，包括视听闻嗅触等感觉所获得的个性体验和评价，我们可以设定为优、良、可、劣、差、恶等不同的级别，从而设定不同的数值以表示环境对于人的行为的作用和影响。

这个行为定律之所以被称为低级行为定律，就在于其所推出的行为是与动物相近似的行为。婴幼儿的行为基本上都是遵循着低级行为定律。在这个公式中，本能这个因素中涵盖着包括目标、方法和动作的模糊内容。比如婴幼儿吮吸母乳，既有母乳这个目标，也有吮吸这个动作和吮吸的方法。只是这一时期的目标、方法和动作都是以本能的简单形式表现出来的。

（2）行为＝（欲望＋目标＋方法＋动作）×环境系数。这是人的初级行为定律

这一时期的行为已经超越了动物性的纯本能阶段，但还远远没有达到纯人性的水平上，这是一般缺少良好家庭教育、社会教育、生活经验和未经深入自我反思的未开化的人的行为，在这一层面上的人基本上都在遵循着初级行为定律。这一时期的目标、方法、动作，已经脱开了简单的本能层面，而上升到一定的思维层面上来了。

比如对目标进行比较后可以做出多项选择性改变，对方法可以进行一定程度的改进，对动作可以做出更适用有效的调整。总之，这一时期的目标、方法和动作已经比本能时期的模糊蒙昧要明确清晰得多，也复杂得多了。

（3）行为＝（欲望＋目标＋理性＋方法＋动作）×环境系数。这是人的中级行为定律

随着人的理性水平的提高，道德、法律、规则、标准等理性的东西最终会成为人的行为的指针。这是经过学习、思考之后，在接受良好教育和足够的社会性历练之后，在微小利益与重大利益、眼前利益与长久利益以及对各项风险做出权衡、评估和取舍之后，而达到的具有较高理

性意识和规则意识的人所遵循的行为定律。

这个中级行为定律得出的行为虽是理性行为，但这个理性行为却还要被动地和习惯地因循着一些外力的制衡。这一时期的行为带有明显且有意识的功利色彩，或者是为了摆脱某种外力的制约或掣肘，或者是为了让自己获得更多的利益、更好的名声、地位或其他好处而施加的有益于保全自我和成就自我的行为。

（4）行为 =（欲望 + 信仰）× 环境系数。这是人的高级行为定律

随着生活阅历的不断扩大和思想境界的不断提升，人在自然、社会和自我的关系中逐渐觉醒并分化出来，人生观念开始发生质的改变与飞跃。待到产生了一定的信念、信奉、信仰之后，精神境界便会达到非常高的水平，这时其自身的行为不再被动地受到外力的制衡与约束，而能够自觉地适应环境、主动地克服困难，甚至不由自主地为着某种信仰而行动。

这时的行为是为信仰而发，因信仰而做。人的信仰即包含了目标、方法和动作。这个公式也表明了人类行为的返璞与回归，与低级行为定律实现了本真层面的对接与轮回。此期的行为执著而坚定，超凡而脱俗，从心所欲而不逾矩，既可以“忘却自我”并“回归自然”，也可以“无所畏惧”和“舍生取义”。

人的行为在不同的年龄阶段、认知阶段和不同的精神层次修养阶段，都分别遵循着不同的行为定律。

比如中国法律规定 16 岁以下的儿童必须有监护人，其行为产生的后果可以不承担像成人一样的法律责任。这是由于他们的行为还在遵循着较为低级或初级的人类行为定律。

处于成人阶段，就应该至少要遵循人类中级行为定律，否则，如果违背了中级行为定律，就会蒙受挫折，或者选错目标而枉费心机，或者失去理性而遭受惩戒，或者用错方法而徒劳无功，或者怠于行动而一事无成。

二、人类行为定律与人生境界

人的一生是在“格物致知”中度过的，必然伴随认识层次的提升而逐步进入更高的人生境界。在不同的境界中，人们必然要遵循着不同的行为定律。其中进入中级行为定律阶段，便开始遵循社会公认的行为准则，这个准则当然要由个体的“理性”来把握。我们在这里所归纳的人生四大行为定律，同时也代表了人生四个层次和四种人生境界。

关于人生的境界层次说，我们知道不同的学者或不同的人具有不同的总结或说法。

早在 2000 年前，孔子曾按照人的年龄的不同提出了七种不同的人生境界：“吾十有五而志于学，二十而冠，三十而立，四十不惑，五十知天命，六十耳顺，七十从心所欲不逾矩。”所谓“不逾矩”，其实就是最高人生境界的体现，是人从中级行为定律的“有矩”时期而上升为由高级行为定律决定的“无矩”时期。此期的“矩”已经内化为精神，内化为品德，内化为信仰，因而心中已不再记着这个“矩”，已经忘记了这个“矩”，没有了这个“矩”的条条框框，因而也就是没有了“矩”的约束和制衡。

要知道，人们普遍推崇或普遍恪守的任何“矩”都符合人类社会的道德律，这期间由于自我精神境界实现了至高无上的超越，反而从根本上无“矩”可言了，也从根本上不会逾矩了。这与婴幼儿时期没有“矩”的约束可以说是一种人性本真的回归，是在经历了“有矩”的漫长历程之后的终极解脱与返璞，由此形成一个圆，是一种浑然天成、大道至简的回还。理性的规矩内化为自身的本性，内化为自我至高无上的信仰，因而达到了不逾矩的精神境界。

唐代禅宗大师青原行思也曾提出参禅的三重境界：参禅之初，看山是山，看水是水；禅有悟时，看山不是山，看水不是水；禅中彻悟，看山仍然是山，看水仍然是水。

佛家讲究入世与出世，于尘世间领会佛理之真谛。他认为，人之一生，从垂髫小儿至耄耋老者，匆匆的人生旅途中，都或深或浅地经历着人生的这三重境界。

先说人生第一重境界：看山是山，看水是水。这种境界主要是针对年幼的孩子说的，初识世界，纯洁无瑕，一切都是新鲜的、陌生的，眼睛看见什么就是什么。在知晓了山水的概念之后，看见山便知其为山，看见水便知其为水，他不会故意认错，不会颠倒黑白，以致说 1 是 1，2 是 2，丁是丁，卯是卯。有一个小故事很能说明这点：一群大人在进行智力竞赛，主持人说“6”“9”不掉头，就出了个题：“6+9 =？”大家都在想，智力竞赛题目决不会就字面那么简单，结果谁都不敢立即抢答，而是苦苦思索。突然，一个 6 岁的小女孩争着说等于 15，人们都向她投去异样的目光，直到主持人宣布小女孩的答案正确时，人们才收回目光，并责怪自己的思想太复杂了，错过了抢答的时机。

这里说明了一个简单的道理，凡事不必太刻意。在这种人生境界中，人们只借助低级行为定律就可以活得很快乐。

再说人生第二重境界：看山不是山，看水不是水。这种境界是针对中年人说的。一个人随着年龄的增长，社会阅历的增多，思想也变得越来越复杂了。

红尘之中有太多的诱惑，在虚伪的面具后隐藏着太多的潜规则，看到的并不一定是真实的，一切如雾里看花，似真似幻，真假难辨，随之而来的是迷惑、彷徨、痛苦与挣扎，对一切都多了一份理性与现实的思考，山不再是单纯意义上的山，水也不是单纯意义上的水了。

尤其是在物欲横流的社会，尔虞我诈，互不信任，人们的世界观、人生观、价值观同孩提时代相比，发生了深刻的变化，不再轻易相信眼前的一切，而是用心、用脑去认识这个世界。发现这个世界的问题越来越多，越来越复杂，感觉到社会并不那么单纯，现实也并不那么美好，经常是黑白颠倒，是非混淆。

进入这个阶段，人是激愤的，不平的，忧虑的，疑惑的，警惕的，复杂的。人不愿意再轻易地相信什么。有些人，站在这山望着那山更高；饮用此水，又想着别处之水更甜，欲壑难填，永不满足。在这种人生境界之中，人的低级行为定律已经不适用了，而必须借助人的初级或中级行为定律应对内心世界与外部世界的复杂变化。

最后说说人生第三重境界：看山是山，看水是水。这是针对那些走过大半辈子或经历太多人世沧桑的人而言的。在经历了种种事件，看过了形形色色的人或事，有了一种曾经沧海的感觉，茅塞顿开，回归自然。经历多了，人的境界也高了，不再会为无谓的事、无伤大雅的事或不可能实现的事而耿耿于怀。

任尔红尘滚滚，我自清风朗月；任凭风吹浪打，我自闲庭信步。面对芜杂世俗之事，一笑了之，这个时候的人以真为本，以信为乐，看山又是山，看水又是水了。他们从此更懂得以一颗平常心来看待事物，自觉跳出是非圈子，确信以观棋者、看戏人的角度来看事物，也许事情会简单许多。正如苏轼所言“不识庐山真面目，只缘身在此山中”。

王国维也就此感悟到了“众里寻她千百度，蓦然回首，那人却在灯火阑珊处”的真机！人们都希望能到达人生的最高境界，即这第三重境界，体味那战胜自我、超越极限后一览众山小的居高临下感，但在自我提炼、自我实现的过程中，需要在欲望的坐标上找到真实的自我位置，从而不乱方寸，不乱脚步，坚持用高贵的品质、厚重的思想和纯真的境界垫起做人的脊梁。

岁月悠悠，红尘滚滚，我们都是匆匆过客，所有的故事其实都没有最终的结果，我们只有从容走过，无需彷徨，无需犹豫，无需茫然。“宠辱不惊，看庭前花开花落；去留无意，任天外云卷云舒。”人从无烦恼和无执着中来，却从烦恼和执着中经过，到无烦恼无执着处去。

其实凡事看开一些，未必不是一件好事，“人生如戏”“人生如棋”，所有疯狂之后总归于平静，我们除了平静又能怎样呢？我们唯一能做的，就是坦然面对一切，平静珍惜一切。

只有这样，才能更好地面对人生的大起大落，看透秋云春梦，接受世事无常。

正如徐志摩《再别康桥》的人生境界：“悄悄的我走了，正如我悄悄的来；我挥一挥衣袖，不带走一片云彩。”这是一种洞察世事后的反璞归真，但不是每个人都能达到这一境界。

人生的经历积累到一定程度，不断的反省，对世事、对自己的追求有了一个清晰的认识，知道自己要追求的是什么，要放弃的是什么，这时，看山还是山，水还是水，只是这山这水，看在眼里，已有另一种真意隐含其中了。进入这种境界之后，就可以借助人的高级行为定律行走世界和拂袖红尘了。

“人本是人，不必刻意去做人；世本为世，无须精心去处世”，这才是真正的做人与处世了。

下面，我们还可以分析一下人的行为定律在冯友兰的人生四境界中的适用意义。

冯友兰在《新原人》一书中曾说，人与其他动物的不同，在于人做某事时，他了解他在做什么，并且自觉地在做。正是这种觉解，使他正在做的事对于他有了意义。他做各种事，有各种意义，各种意义合成一个整体，就构成他的人生境界。世间不同的人可能做相同的事，但是各人的觉解程度不同，所做的事对于他们也就各有不同的意义。每个人各有自己的人生境界，与其他任何个人的都不完全相同。

我们可以把各种不同的人生境界划分为四个等级。从最低的说起，它们是自然境界、功利境界、道德境界、天地境界。

自然境界。一个人做事，可能只是顺着他的本能或其社会的风俗习惯。就像小孩那样，他做他所做的事，然而并无觉解，或不甚觉解。这样，他所做的事，对于他就没有意义，或很少意义。他的人生境界，就是自然境界。这个境界很显然地适用于人的低级行为定律。他只为欲望而思虑，依本能而行动。

功利境界。一个人可能意识到他自己，为自己而做各种事。这并不意味着他必然是不道德的人。他可以做些事，其后果有利于他人，其动机则是利已的。所以他所做的各种事，对于他，有功利的意义。他的人生境界，就是功利境界。在这个境界中，人们做事开始更多地借助于人的初级行为定律。在欲望的驱动下，他们会按照欲望的方向选择特定的目标，并开始考虑一定的方式和方法，然后再去行动。

道德境界。有些人已经了解到社会的存在，他是社会的一员。这个社会是一个整体，他是这个整体的一部分。有这种觉解，他就为社会的利益做各种事，或如儒家所说，他做事是为了“正其义不谋其利”。他真正是有道德的人，他所做的都是符合社会价值标准的道德行为。他所做的各种事都有道德的意义。所以他的人生境界，即是道德境界。进入这种境界之后，人们开始自觉运用人的中级行为定律做事了。在初级行为定律的基础上，又增加了理性的约束、制衡与指导，他们所做的事情，不但要满足自己的欲望所指，也要符合社会的规范所限。他们不但知道自己该做什么，该怎么做，也知道自己不该做什么和不该怎么做。

天地境界。最后，一个人可能了解到超乎社会整体之上，还有一个更大的整体，即宇宙。他不仅是社会的一员，同时还是宇宙的一员。他是社会组织的公民，同时还是孟子所说的“天民”。有这种觉解，他就为宇宙的利益而做各种事。他了解他所做的事的意义，自觉地在做他所做的事。这种觉解为他构成了最高的人生境界，就是天地境界。进入这种境界之后，人们做事可以游刃有余了。原来处于中级行为定律阶段，人们还要被动地接受理性的指导与制约，而此时在信仰的引领之下，天人合一，主客共理，自己的欲望与天地人达到了完美的洽合，所行所为皆合于天理、人理与事理。所以，在这一境界中，人们做事已经开始不自觉地遵循着高级行为定律了。

这四种人生境界之中，自然境界、功利境界的人，是现实中最常见的人；道德境界、天地境界的人，是理性中应该成为的人。前两者是自然的产物，后两者是精神的创造。自然境界最低，往上是功利境界，再往上是道德境界，最后是天地境界。它们之所以如此，是由于自然境界，几乎不需要觉解；功利境界、道德境界，需要较多的觉解；天地境界则需要最多的觉解。道德境界有道德价值，天地境界有超道德价值。

生活于自然境界的人是俗人，生活于功利境界的人是常人，生活于道德境界的人是贤人，生活于天地境界的人是圣人。

张世英曾按照人的自我发展历程、实现人生价值和精神自由的高低程度，也将人生境界分为四个层次，即欲求境界、求知境界、道德境界和审美境界。

第一种境界为欲求境界。人生之初，在这种境界中只知道满足个人生存所必需的最低欲望，故以“欲求”称之。当人有了自我意识以后，生活于越来越高级的境界时，此种最低境界仍潜存于人生之中。现实中，也许没有一个成人的精神境界会低级到唯有“食色”的欲求境界，而丝毫没有一点高级境界。以欲求境界占人生主导地位的人是境界低下而“趣味低级”的人。

第二种境界为求知境界。在这一境界，自我作为主体，有了进一步作为认知客体之物的规律和秩序的要求。有了知识，掌握了规律，人的精神自由程度、人生的意义和价值就大大提升了一步。所以，求知境界不仅从心理学和自我发展的时间进程来看在欲求境界之后，而且从哲学与人生价值、自由之实现的角度来看，也显然比欲求境界高一个层次。

第三种境界为道德境界。他和求知境界的出现几乎是同时发生，也许稍后。就此而言，把道德境界列在求知境界之后，只具有相对的意义。但从现实人生意义与价值的角度和实现精神自由的角度而言，则道德境界之高于求知境界，是自不待言的。发展到这一水平的“自我”具有了责任感和义务感，这也意味着他有了自我选择、自我决定的能力，把自己看作是命运的主人，而不是听凭命运摆布的小卒。但个人的道德意识也有一个由浅入深的发展过程：当独立的个体性自我尚未从所属群体的“我们”中显现出来之时，其道德意识从“我们”出发，推及“我们”之外的他人。

第四境界是审美境界。也是人生的最高精神境界。这是因为此时审美意识超越了求知境界的认识关系，它把对象融入自我之中，而达到情景交融的意境；审美意识也超越了求知境界和道德境界中的实践关系。这样，审美境界即超越了认识的限制，也超越了功用、欲念和外在的限制，而成为超然于现实之外的自由境界。

在现实的人生中，这四种境界错综复杂地交织在一起。很难想象一个人只有其中一种境界而不掺杂其他境界，只不过现实的人，往往以某一种境界占主导地位，其他次之。于是我们才能在日常生活中区分出某人是低级境界、低级趣味的人，某人是高级境界、高级趣味的人，某人是以道德境界占主导地位的道德家，某人是以审美境界占主导地位的真正诗人、真正的艺术家。

张世英的四种人生境界也在一定程度上巧合于我提出的人类四大行为定律的界说，只是与我的观察视角有所不同而已。

除此之外，世间还有一种饶有趣味的人生四重境界说：

第一重境界：不知道自己不知道。这是人处于无知阶段的蒙昧境界（符合人的低级行为定律）。

第二重境界：知道自己不知道。这是人处于求知阶段的启智境界（符合人的初级行为定律）。

第三重境界：知道自己知道。这是人处于做事阶段的自知境界（符合人的中级行为定律）。

第四重境界：不知道自己知道。这是人处于省悟阶段的天地境界（符合人的高级行为定律）。

我们还知道宋代禅宗曾将修行分为三个境界。第一境界是“落叶满空山，何处寻芳踪”，第二境界是“空山无人，水流花开”，第三个境界是“万古长空，一朝风月”。

第一境界中的“寻”是追问所谓“我是谁？我从哪里来？我到哪里去？”的三个千古难题。

第二境界中的“无”表明人已经从自然中剥离出来，分化出来，与外在的“水流花开”自成一种独立世界。

第三境界中的“万古”与“一朝”的融合同一，则说明人对有限时空的超越，经过否定之否定后达到天人合一之境界。想我等处于熙攘世界，为生计奔波忙碌，处俗事锱铢必较，清风为别人而拂，圆月为别人而明，何其哀哉。

晚清一代宗师王国维还曾在《人间词话》中说：“古今之成大事业、大学问者，罔不经过三种之境界：‘昨夜西风凋碧树。独上高楼，望尽天涯路。’此第一境也。‘衣带渐宽终不悔，为伊消得人憔悴。’此第二境界也。‘众里寻他千百度，蓦然回首，那人却在，灯火阑珊处。’此第三境界也。”

对于人生境界的感悟与阐释，不止于中国哲人乐此不疲，西方哲人也对此孜孜以求。

丹麦哲学家齐克果将人生分为：审美阶段、道德阶段、宗教阶段。

德国哲学家尼采把人生分为三个时期：合群时期、沙漠时期、创造时期。

一般而言，人生境界之修炼，与其欲望的满足状态有着某种内在的微妙关系与机理。一个连本性欲望都难以得到基本满足的人，其生存境况必然凄惨而落魄，其人生境界不可能获得“不以物喜不以己悲”的突破。一个人只有经历了不同层次欲望的大起大落的多次洗礼，追求过，放弃过，得意过，失意过，满足过，亏空过，成功过，失败过，这样的人生才具有最终实现超越的可能。

欲望层次是登临人生境界之层次的必由之路，一个人对于每一个层次欲望的满足，都是对于一种特定人生境界的感悟、实现与超越。从这个意义上说，每一次超越，都是在对某一个层次欲望的满足之后实现的。一个无从突破欲望瓶颈的人，常年被欲望所困，是不可能超越社会和超越自己的；同样的，一个无从摆脱欲望诱惑的人，经常被欲望冲昏头脑，也是不可能修炼成人生正果的。

以上不论哪一位学者或禅宗提出的人生境界说，都具有从低级向高级发展的渐进性和层次性。这与我提出的人类认识层次说、人类欲望层次说、人生境界层次说以及人的行为四大定律所推演的四种人生境界异曲同工，不谋而合。不同的欲望层次和不同的人生境界必然产生不同的行为，不同的行为必然产生不同的人生结果。这从更宽泛的视角上印证了人类行为定律对我们认识人生、认识社会具有着特殊的理论指导意义。

鉴于对人类行为定律的推演，是以满足欲望为前提的，作为社会管理者，日常看到的只能是人的行为，而不是人的欲望，所以对人的行为进行管理，是舍本逐末的管理。只有欲望管理，才是最根本的管理。要知道，只有欲望的才是人本的，才是人性的。人的行为定律可以作为一种管理工具和管理依据，藉此推演人的欲望与境界，从而有针对性地达到人本管理目的，即人性化管理目的。

第七章　欲望 + 行为 = 人格
——欲望系统与行为系统的对称关系

我们观察一个人，一般能够听到、看到和感知到的东西只有人的体态、表情、语言、声音、行为，这些都可以统统称之为“行为”。而且每一个行为都不是孤立存在的，每一时、每一刻、每一天、每一周、每一年的行为，或者数十年的行为甚至一生的行为，都在某种程度上具有其特定的连续性、序列性、固着性、习惯性、因果性和联动性的关系。

所以，我将人类行为也视为一个系统，称为人类行为系统。人类行为系统是人类欲望系统在现实世界中的投影和基本运行轨迹，由人的行为反过来可以推断那些促发或引发行为的欲望、目标、方法和理性程度或精神境界。因为它们之间存在着某种必然趋于平衡与和谐的对称、对应、呼应的对立统一和互联互动关系。

威廉·詹姆斯在《实用主义》一书中曾经说过：“人的欲望磨砺着我们的每一个问题，人的满足伴侍着我们的每一个答案。”欲望是最根本的人性，它伴随着我们的一生，但它只有通过行为才能将内在的人性签注为外显的人格。

一、欲望系统与行为系统的整体对称关系

一种欲灶发生的匮欠产生一种欲望，也自然对应着同一属类的欲标。我们可以查证欲灶与欲标的一一对应关系，根据人类行为定律推测其欲标的属性、类别，进而推测其欲灶，并找到欲灶的具体生理部位。因为欲灶作为一种器质性、机能性组织肌体内部的感受器，存在于人体的生理结构之中，鉴于人体生理结构的局域性和有限性，欲灶在数量和类别上也同样是有限的。

我们知道，人体结构和功能十分复杂，构成人体的基本成分是细胞和细胞间质。结构与功能相似的细胞和细胞间质有机地结合起来组成了具有特定机能性组织。但并非每一种组织都存在欲灶，只有具备感觉神经的器官及组织才能有欲灶存在。更准确地说，只有存在感受器的肌体、组织和器官才能有欲灶存在。

所谓感受器是动物体表、体腔或组织内能接受内、外环境刺激，并将之转换成神经过程的结构。按感受器在身体上分布的部位并结合一般功能特点可区分为：内感受器和外感受器两大类。

欲望是在感觉的基础上产生的，没有感觉也就谈不上欲望，没有肌体组织的神经元或感受器，亦即相应脑区，也就不会有欲灶存在，也就不会有欲望产生。

比如人的头发、指甲等组织，因为没有感觉神经，所以，头发和指甲不会有欲灶存在，也当然不会产生任何欲望。

比如人的皮肤具有对温度、硬度、压力等外在刺激的感受器，隐藏着温度舒适欲、硬度舒适欲或压力舒适欲等欲望的欲灶。

在人体内部，各器官组织的结构与功能存在着相互对应联动的关系。如果不对应就会被相应器官组织中的感受器觉察或发现，并在具体的欲灶部位灶产生匮欠反应。

生理学家将能够完成一种或几种生理功能而组成的多个器官的总和叫系统。整个人体可以分为八大系统（也有的分为九大系统），即消化系统、神经系统、呼吸系统、循环系统、运动系统、内分泌系统、泌尿系统和生殖系统。我在这八大系统基础上根据欲望动力心理学原理，重新划分和归纳出人体八大生理欲望系统，即感觉系统、神经系统、信息系统、呼吸系统、消化系统、泌尿系统、生殖系统和运动系统。每一个系统都存在着相应属类的欲灶。

我们可以根据生理欲望系统的划分理论，将欲灶也相应地划分为八个属类。就这八个属类的欲灶我们还可以分为器质性欲灶和功能性欲灶两大类。

器质类欲灶主要指的是存在于具有一定感觉神经的器官、组织和结构的欲灶，是这些器官、组织和结构中的感受器对器质发生异常事件时的具体感受点位。

功能性欲灶主要指的是存在于能够刺激感觉神经的各种器官功能运转的欲灶，是人体内部某个器官组织中的感受器对相应的生理功能发生异常事件时的具体感受部位。

当器质存在、结构存在，但功能不能正常发挥、不能正常运转时，人体感受器可能就会产生各种不适的感觉神经反应，这个产生不适反应的感受器的部位即是功能性欲灶。功能性欲灶只有在器官发挥功能障碍时才会刺激某些相应部位或相应环节的感受器并产生反应。

比如食欲和便欲的欲灶均隐藏在消化系统之中。消化系统由消化道和消化腺两大部分组成。消化道包括口腔、咽、食管、胃、小肠（包括十二指肠、空肠、回肠）和大肠（包括盲肠、阑尾、结肠、直肠）。这些器官和环节只要有感觉神经便都存在着欲灶。消化腺包括口腔腺、肝腺、胰腺以及消化管壁上的许多小腺体，其主要功能是分泌消化液。食物中的营养物质除维生素、水和无机盐可以被直接吸收利用外，蛋白质、脂肪和糖类等物质均不能被机体直接吸收利用，需在消化管内被分解为结构简单的小分子物质，才能被吸收利用，对于未被吸收的残渣部分，则通过大肠排出。消化腺能否正常分泌消化液，整个消化系统对食物能否实现正常吸收和排除的功能，都直接关系到生理运转过程中产生的舒适度和平衡度。一旦不能正常吸收和正常排出，便会产生不适反应，哪里有不适反应就说明哪里一定有欲灶存在。

不适反应总是通过神经元或感受器传递给大脑半球，并由大脑半球产生针对于消化系统中特定欲灶的食欲或便欲。离开了大脑半球对饥饿刺激信号或饱胀排泄信号的汇总和处理，食欲或便欲便无法产生出来。正如美国机能主义心理学家詹姆斯在《心理学原理》中所言：“在生理学家的刀下，当鸽子的大脑半球被切掉时，它对配偶的情话会充耳不闻，一只无脑鸽子即使被放在谷堆上也会饿死。”

这一方面说明，有没有感觉神经的存在是有没有欲灶存在的关键条件之一。比如内脏中的肝器官，没有痛觉神经，即便自身器官及其功能存在异常，但因为没有感觉，或感觉极微弱，所以就不会存在欲灶，也不会存在匮欠反应，只有因为自身的异常而波及和影响到了其他器官及其功能的发挥时，才会通过其他有感觉神经的器官及其功能反应出来。

另一方面，欲灶发生匮欠反应后，只有通过神经元、感受器等传递到大脑半球，并在大脑半球对匮欠信号进行处理后，才能产生欲望，离开了大脑半球，欲望也不会产生出来。

这就是说，只有具有感觉神经元、神经节、感受器的器官、组织或部位才能产生欲灶，或者说，感知神经不发达或不敏感的器官一般不会产生欲灶，只有能够通过感知神经产生反应的器官才会有欲灶存在，只有通过感知神经把欲灶处的匮欠信号传递给大脑半球，并通过大脑半球做出反应、做出应答，做出处理，才能产生欲望。

神经系统由中枢神经系统和遍布全身各处的周围神经系统两部分组成。中枢神经系统包括脑和脊髓，分别位于颅腔和椎管内，是神经组织最集中、构造最复杂的部位。周围神经系统包括各种神经和神经节，其中同脑相连的称为脑神经，与脊髓相连的为脊神经，支配内脏器官的称为植物性神经。各类神经通过其末梢与其他器官系统相联系。神经系统具有重要的功能，是人体内起主导作用的系统。一方面它控制与调节各器官、系统的活动，使人体成为一个统一的整体。另一方面通过神经系统的分析与综合，使机体对环境变化的刺激作出相应的反应，达到人体与环境的统一。

神经反应速度非常迅捷，与光电传播速度是一致的。目前宇宙中最快的使者就是光电，其速度约为 30 万公里／秒，而神经反应速度大约也是 30 万公里／秒。超过这个速度，人类的神经便超过了感知阈限，或者说感知不到了。

爱因斯坦说宇宙最高速度即是光速，这仅仅是相对论的速度，是相对于人的大脑反应速度或神经反应速度而言的，这个速度是人类感知能力的极限。所以，我们有理由认定宇宙第一速度也是人脑反应的速度。比如人的眼睛作为感知器官之一，其信息传播速度等于光的速度。认知神经科学已经证实：神经信息存在着电学传递和化学传递等方式，一种信息进入人的神经系统便是以电的速度来传递的。当然，我们头脑中的想象速度要比光电速度更快，可以穿越时间和空间，这个速度可以说是超感知的宇宙最快速度，远远大于神经反应速度，但起码目前并不是现实可驾驭的物理速度，而是虚拟速度。正是这个速度才赋予人类具有了研究宇宙更快速度的能力。

神经反应速度与我们通常所说的某某人反应快或反应慢，不是一个意义。人对某件事物反应速度快慢，并不代表神经反应快慢，而与人对某件事物的注意力和反馈次数有关，注意力集中于某件事物上之后，事物信息反应到大脑，有的人仅凭借一次性信息反馈就做出了某种判断性反应，而有的人却要经过多次信息反馈、多次信息往返回合才能做出某种判断性反应。而就单次信息的传递而言，其速度都是一样的，都略等于光电速度。通过单次速度或次数较少的信息往返回合即能做出较为准确判断的人，就是所谓的聪明人和反应快的人，反之就是所谓的愚钝人或反应速度慢的人。

正常合宜的欲望驱动自我做出正常合宜的意识活动，而正常合宜的意识活动也会驱使自我产生正常合宜的方法和行动。相反，不正常的扭曲的欲望也会驱动自我产生不正常的扭曲的思维和不正常的扭曲的方法和行动。这说明欲望与行为之间具有联动性因果驱策关系。比如甲去洗手间这个行为，乙就可以由此推断甲有便欲，或大便欲，或小便欲。甲进入卫生间之后释放便欲的方法大抵不过解开裤带、靠近便池、排泄废物等等行为及方法均可想而知，可以推断。正常的人总会用正常的行为和方法来满足其欲望。

图 7-1 是正常人的欲望系统示意图。图中显示，人的行为受欲望的驱使。一般地，在欲望正常的情况下，人的行为也是正常的。上图中可以看到，基于人的生理系统而产生的欲望，一般会有一个正常的欲灶，也会迁延成一个正常的欲缺，而欲缺所表达的欲望可以定义为原欲，原欲也是基本欲望和底线欲望。

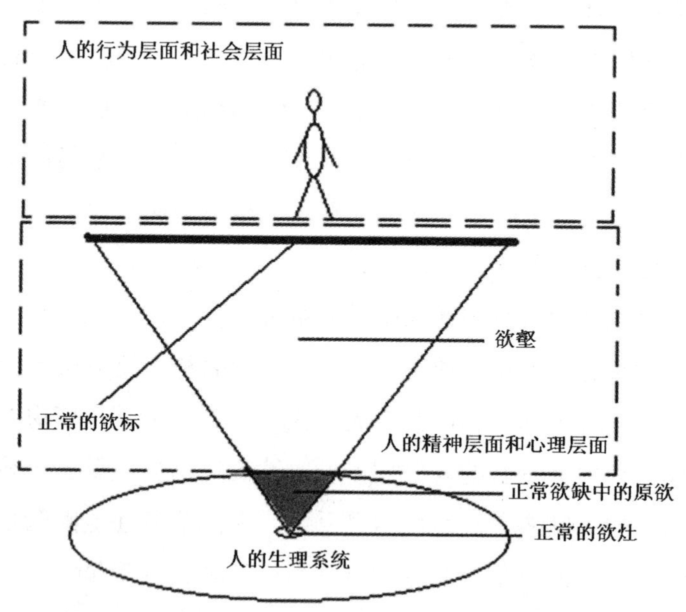

图 7-1 正常人的欲望系统（正常的欲望要素不会导致生理系统中欲灶变异）

在原欲基础上可以衍生出欲壑，欲壑所期待的欲标也是正常的欲标。这样，在欲缺、欲壑、欲标等支撑下，构成了人的精神层面和心理层面的内容，这些精神层面和心理层面的内容表现出来便使人进入了行为层面和社会层面。如果人的欲望系统是正常的，那么，其在社会上表现的行为也是正常的，这个人自然也是符合社会基本规范的正常人。

二、精神变态与行为怪异的对称关系

但我们也会看到不正常的人的社会性表现。所谓不正常，指的是行为怪异，方法离奇，所为所行令人费解。虽然我们无法看到他的欲望、心理、意识、精神，但我们却可以看到他的行为。人的行为总是其内在欲望、心理、意识或精神的外在表现形式。我们可以考察一下那些患有精神疾病或心理疾病（如癔病、妄想症）的人，其病态的表现也是畸形的欲望、扭曲的心理、变态的方法和怪异的动作这四个要素不正常的组合。

他们的不正常，我们在表面上看到的是行为上的混乱，精神医学则定性为精神上的混乱，但其起病的根源却不在行动本身，也不在精神本身，其中有的可能在于其欲望系统发生了紊乱。换句话说，一些精神疾病或心理疾病发生的根源来自于其欲望系统发生的结构性紊乱所致。

这种紊乱主要表现在欲灶与欲标、欲缺与欲标的不对应、不协调、不匹配和不相容上。这就意味着一些精神疾病或心理疾病的病根应该在欲望系统内部结构不能合理对应上，所以导致欲行和欲法无法对应与协调。而欲灶是生理机能或生理功能的一部分，所以，对于精神和心理疾病也必应在生理方面去查找病灶，这个病灶属于一种结构性病灶或功能性病灶，而非肌体性病灶——尽管有时对某个特定肌体性病灶的调治可以减轻或解除症状，但真正解除的则是一种结构性错位或功能性障碍，而非肌体性病灶本身。

目前治疗精神疾病或心理疾病之所以难以奏效，就在于当今医学尚未找到此类疾病的病根和病灶。实际上，欲灶不会直接等同于病灶，精神或心理疾患的病灶很可能是以欲灶为根源的欲望系统的结构及其功能出现了问题，结构不正常时，就会产生不对应、不协调的功能，就会产生不对应、不协调、不正常的感觉、意识、心理和精神，直至产生不对应、不协调、不正常的行为方式和方法。

研究和治疗精神病和心理疾病，当然不能简单地依靠心理医师的心理疗法，纯粹心理治疗是治标而不治本的隔靴搔痒的疗法，既做不到对症下药，也做不到对症治疗。原因就在于心理与生理之间存在着欲望系统的互联互通互动关系——因为欲灶和欲缺都必然居于人的特定生理系统之中，而欲标及其所处环境则不在场于生理系统之外，在内部匮欠与外部目标实现遥相呼应过程中都必然共轭于特定的脑区之中，并由此形成具有特定意志倾向的心理活动和精神活动。

如果这个欲望系统在结构对应上发生不和谐、不呼应、不对称、不协调的情况，心理或精神就会发生功能错动，这一点符合我在本书系中提出的身心内外互通互应效应理论。因此，要想治疗心理或精神疾病，不能脱离或抛开生理系统的结构性或功能性机理与作用。比如很早以前，人们一直认为癫痫性惊厥也是一种精神方面的疾病，但到了 20 世纪 50 年代，神经外科医生菲利浦 · 沃格尔在医治严重癫痫病人时，将其在右脑间的胼胝体切除，从而使癫痫病情得到明显缓解，这可以从一定程度上说明人的精神或行为与生理之间的关系。

如果生理系统特定欲灶出现了病灶，即出现了欲灶与病灶合一的情况，则不止于神经系统发生结构性或功能性紊乱，而且自我欲望系统也会发生结构性或功能性紊乱，这就导致其行为也会偏离正常的轨道，其方法也会偏离正常的逻辑。这可能就是我们之所以总是感到精神疾病患者和心理疾病患者的很多行为为什么令人不可思议的原因。

那么，人的欲灶一般会出现哪些不正常问题呢？这个问题当然值得大家深入研究和探讨，解决了这个问题，人类就会找到彻底根治精神疾病和心理疾病的有效方法。

通常情况下，我们在精神或心理方面出现的压抑、抑郁、创伤、打击、挫折、困惑、痛苦等不适的感受，并非来自于纯粹的精神层面或心理层面，从本质上说，是来自于欲望层面。欲望之树被扭曲、被弯折、被摧残、被冷落、被砍伐，必然导致欲灶、欲缺、欲壑、欲标、欲法、欲行等要素的扭曲和变异，从而导致整个欲望系统发生结构性弯曲、扭曲、脱节、错节以及功能性异动，而功能性异动就会直接导致心理反应发生异常。

鉴于欲望与生理系统的渊源关系，特别是欲灶与欲缺的生理性特征，使人的心理性必然与人的生理性通过欲望关系产生了联通联动效应，这就使得人的一切心理或精神问题都来自于人的生理系统具有了一定的理论依据。

图 7–2 是精神疾病和心理疾病发生图。这也是一个非正常人的欲望系统图。

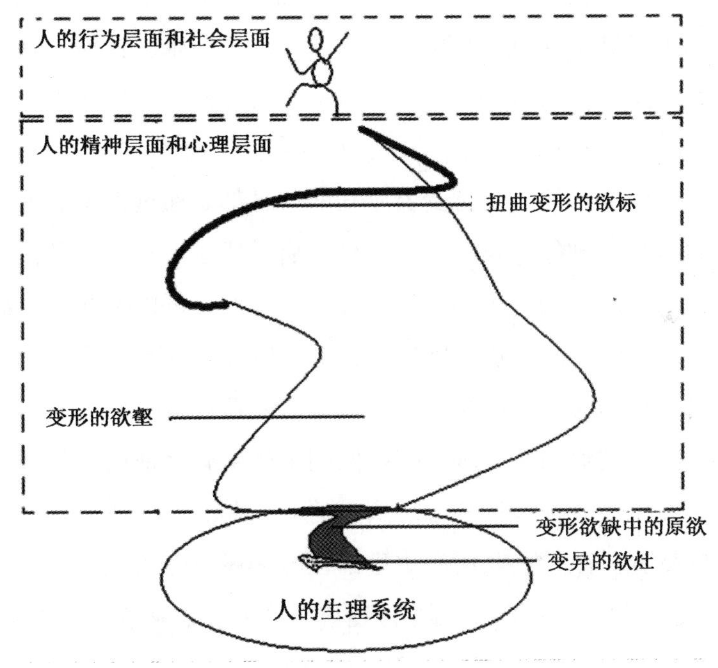

图 7–2　精神疾病和心理疾病发生图

因为主体欲望系统发生扭曲和变异，其在社会上表现出来的行为也会发生与之相应的扭曲和变异，这种因欲望扭曲而导致心理扭曲、精神扭曲和行为扭曲的人当然也就不再是正常人了。

精神疾病和心理疾病的发生必是有原因的，这个原因可能就在于某些欲望要素的变异和扭曲上。如欲灶与欲标的不对应，会引起欲行的错乱。比如同性恋者的欲灶与其所选择的欲标，同社会上大多数异性恋者在欲灶与欲标的对应关系上是显然不同的，同性恋选择同性作为性释放对象，而异性恋选择异性作为性释放对象。这就使得一些异性恋者常把同性恋者视为离经叛道的怪物，甚至认为他们的行为不正常、情感不正常、性取向不正常，等等。

同样，如果欲灶、欲缺（包括欲壑）发生了扭曲变形，也很可能会引起欲标的扭曲变形而使人出现离奇的幻想和幻觉，甚至有可能是引起精神错乱和心理变态的原因。

现在我们知道了，欲望必须经过神经系统的反射弧对刺激信号在感受器和大脑半球之间进行传输、反馈才能产生出来。任何一条反射弧都是按照“感受器—传入神经—神经中枢—传出神经—效应器”进行神经兴奋传导的。

人体表面的任何一个感受器感知的信息都是通过大量的神经元（传入神经）传导至神经中枢，经分析处理后再通过大量的神经元（传出神经）传导至效应器的。根据认知神经科学理论，可以推断人的欲望的发源地——即欲灶就潜伏在人体各生理系统和器官组织的感受器上。

这个发现为精神病医学和心理医学研究新的科学诊疗方法提供了可能，也是将精神疾病和心理疾病拉回到生理疾病上来认识和研究的重要科学依据。根治精神疾病和心理疾病的有效办法或许就是有针对性地根除欲灶的变异。欲灶及其所在生理部位的发现与确认，或许为人类精神现象学、心理学、情绪学、医学、神经科学等诸多学科带来一场新的革命。

三、欲望、需求与动机的关系

欲望动力心理学观点认为：欲望产生需求，需求产生动机，动机产生行为。

因为总是先有生理器官及其功能所隐含的欲灶性组织，并首先产生了匮欠，感觉器官通过对匮欠的反应即产生欲望，或者说匮欠与感觉的媾合产生了欲望，有了欲望之后才会产生具有特定指向性的需求，才有了按照这种欲望指向及其需求而产生的行为动机，动机使得本能性的生理事件向前发展一步而上升到了非本能性的心理事件。三者不但在产生的先后顺序上，而且在认识论的高低层次上是有着明显差别的。尽管它们在意思上十分接近，但在理论上却殊有不同。

如果说，欲望是人类除了生理活动之外的一切行为或活动（包括心理活动和社会活动）的本因或根源，是意识活动的第一个层次的话，那么，需求便是第二个层次的内容，而动机则是第三个层次的内容，动机是把欲望变成行动的最后一道机关或环节。

人们在分析某个人的行为发生之因由的时候，通常总是自行为的表层往下挖掘：第一层要揭开与探究的是心理层面的内容即动机，亦即行为者对内在心理活动过程中的行为启动环节；第二层要揭开与探究的是从心理层面向社会层面过渡的中间环节，即需求，亦即行为者外在目标对象的确认环节；第三层要揭开与探究的是人性层面的内容即欲望，是行为者对内在欲灶产生匮欠之后出现的欲缺或欲壑与向外在投射或期待的欲标之间建立相互联系的确认环节；第四层要揭开与探究的是生理层面的内容即生理机能及其功能，是行为者对自我生理器官和生理机能及其功能确保处于良好状态的正常运转环节。欲望、需求、动机是三个相近而且很易于混淆的概念。一般人并不能很好地区分它们之间的细微差别。

借助图 7–3，我们面对的这一复杂问题也许会一下子变得一目了然。

从图中可以看出，欲望根植于生理层面而不断扩充并逐渐活跃于人的心理层面上来，由生理匮欠产生的欲望往往超过实际匮欠本身，而尽其可能地甚至是无止境地向上膨胀。需求是欲望对外在欲标的投射，是置于外在的用以满足匮欠和填平欲缺或欲壑的对象投射或投影，是从心理层面向社会层面过渡的中间环节。经过这一环节的过渡之后，才能出现人的社会层面内容，即人的社会性行为内容。同时，我们看到，需求对于生理系统而言属于不在场的内容，所以需求不直接等于生理匮欠本身，也不直接等于欲望本身。

同时，欲望总体上比需求更大、更高和更具有不断扩大甚至无限膨胀的趋向，但一定的生理匮欠所对应的一定的需求一般不具有不断扩大和无限膨胀的特性。实际需求以能够填满实际匮欠的量为基本需求的度，但人们为了保证欲望满足的充分性和稳妥性起见，目标需求度往往在一定程度上超过实际需求度，这就出现了需求被有限放大的情况。但无论怎么放大，也不会超过欲望的夸张性放大程度或膨胀程度。

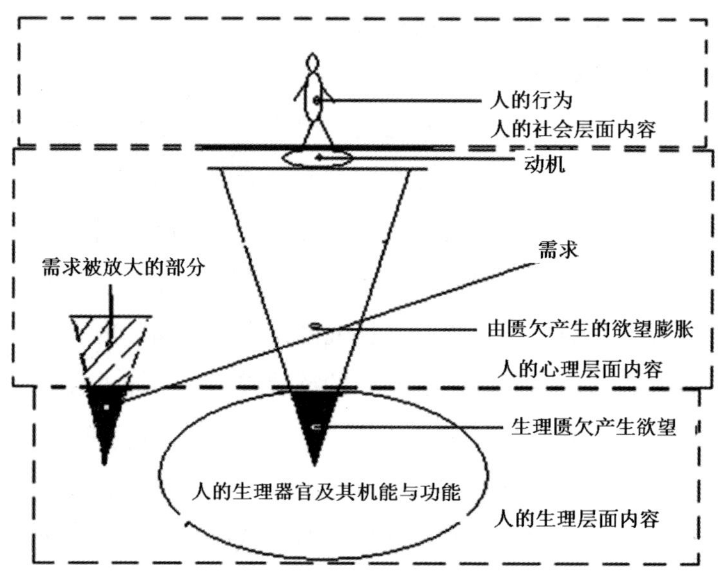

图 7-3　欲望、需求、动机三者的关系及所处的层面

在现实生活中我们注意到，一个人所提出的要求往往要比其实际需求稍高一些，比如提出希望获得 5000 元月薪的职员可能得到 4500 元便会大致满足了。因为其实际欲望匮欠并不会真正达到 5000 元那么多，如果真的达到了 5000 元那么多时，他就会提出 5500 元或 8000 元的要求了。这也是一些管理者在下属提出某项要求或请求时，常常适当打些折扣给予一定程度的满足而非全额给予满足的原因。且最后看来倒也并未影响欲望人的正常生活，也并未影响管理上的激励效果。

需求作为欲望的一部分投影，并不具备意识的主体性。与需求相比，欲望才具有驱动意识的主体性功能。从这个意义上看，动机总是以欲望为内在驱动力，以需求为外在接引力。欲望是启动人的行为付诸实施的根本力量活跃于人的心理层面。当然，人的心理波动远不止于内在欲望的单极作用，更包括与外在目标的需求性对应与拓扑性对称，一旦这种对应与对称关系发生失衡，心理波动便不可避免。

除此，还有很多个人行为及社会现象反射或反馈到人的心理层面，这些内容经过情感的、理性的或灵性的影像拼接、逻辑演绎、思维加工和意念整合，会重新产生出具有特定欲望指向的意识信号。这些意识信号不断诱发、指导、激励或拉动着人的心理陆续做出更多的反应，也不断使人的行为动机作出更多的调整。这就是人，这就是与其他物种不同的人，这就是人的生理、欲望、心理、需求、动机与行为的连锁反应和循环运动原理。

从图 7–3 中可以看出来，动机并非是需求直接驱动的产物，因为需求不过是欲望产生的投射或投影，是与一个暂时并不能兑现的不在场的对象的虚拟性的连接，不具有实质性发力的功能；而欲望才是一个实实在在存在的内容。正是欲望的驱动才产生了需求的对象和寻求欲望获得满足的动机。

所以，马斯洛的研究对象主要着眼于需求与动机问题，而非更深层次或更本质层次的欲望与动机问题。研究的点位着眼于虚拟的需求上还是落脚于实在的欲望上，是欲望动力心理学与需求论的重要区别，也是根本区别。从这一意义上说，马斯洛研究的很大一部分内容都是影子哲学和经济心理学，而不是实体哲学和行为心理学。但这并不影响也更不能否定马斯洛在人类认识论方面所做出的杰出的学术贡献，他的伟大是不可低估的。

第八章　欲望效应理论
——欲望对人生和社会的重要影响

人的欲望对于自身、对于社会，甚至对于自然界都具有明显的驱动作用和特殊效应，作为滋生于人类内心世界的欲望，既源于自身的生理机能、神经智能、心理势能和行为动能，也源于外在的目标性能，从而使欲望以一种看不见、摸不着的特殊的“能”的形式存在于人脑中。不但对人类自身的意识、心理、思想、观念、精神产生激发、引领、推升和驱动作用，而且也随时可以转化为一种外在的行动，用以改变自然、改变社会、改变自我的存在方式和存在状态。

可以说，人类自从诞生那一刻开始，不但自身面貌在不断发生着变化，同时也驱动并冲击了自然面貌和社会面貌不断发生这样或那样的改变。不论两河文明、尼罗河文明、印度文明、爱琴海文明、华夏文明，也不论苏美尔的乌鲁克、埃及的金字塔、古印度的哈拉巴、小亚细亚的特洛伊、古希腊的迈锡尼、叙利亚的波斯拉、中国的古长城或兵马俑，还包括现代城市中纵横交织的道路、拔地而起的楼房……等等，凡是有人类走过的地方，无不留下了欲望效应产生的结果或辐射的痕迹。

我们在《欲望与认知心理学》一书中阐述知性欲望时曾提出了欲望效应的概念，指的是在一个完整闭合的欲望系统中存在的内在匮欠与外在目标通过神经智能而实现的内外相感、互联互通、互动互应的关系，我们称之为欲望效应。事实上，与欲望相关的效应还有很多，例如欲望环联动效应，欲望趋优效应等等，本章我们将欲望效应进一步延伸，可以推演出更多的欲望效应或欲望原理。

一、欲望的边际效应

欲望按照其场域特点来说是具有一定边际的。不但具有属类方面的边际、目标方面的边际、层次方面的边际，也具有时间方面的边际和空间方面的边际，还具有质量方面的边际和数量方面的边际。这些边际出于个体欲望力方向的不同、匮欠度的不同、需求度的不同、期待度的不同、目标导向的不同、可利用价值的不同、理解能力的不同和认识层次及精神辐射范围的不同，也必然地驱策和影响着人类行为对象及其行为范围的不同，必然地驱策和影响着社会人文面貌和人文范围的不同。这就意味着，欲望绝不是无限的，而是有限的，如对食物的质与量的需求，总会有一个度的限制，这个度一般会超越实际值的一定阈限之后方才会达到足够高的满意度。

维克勒也曾有过类似的观点，他说："人类作为存在者想要的总是超过他的能力范围，他的能力又总是超过他应该的范围。"著名的彼得原理实际上就是这一观点的推论：人在社会地位方面的权力欲、控制欲通常总是表现为在爬到了力不能逮的高度时才会终止或才算满足。

其实，对于所有欲望而言，在期待最终的满足程度上都具有这种大于实际匮欠或实际能力的边际效应。由于这种边际存在着超过实际值的外延，使得人们在实际生活和工作中总是产生并提出超越实际能力、实际条件和实际匮欠的过分要求。一些不切实际的"狮子大开口"的争风吃醋现象因此而成为一种常态，这种超越一定理性的要求往往使人们的诚实度经受着一些不必要的考验。同时也说明让一个人自己变得更切近实际的理性通常会表现得很困难。

所以聪明人应该知道，一个人在寻求欲望满足过程中，只有自损三分，自降两格，自逊一等，才可能更与实情相符，才可能更有利于实现供需双方的基本平衡。

虽然如此，但这并不意味着所有欲望的满足都是无止境的。正像人们对于一种好吃的食物，不但有吃饱的时候，也必然有吃厌的时候。在吃厌的一瞬间之前所具有的该食物的填充量便是这一食欲的真正边际。但欲望的边际效应常常给人造成一种错觉，以致人们对“欲无止境”的说法信以为真。其实，绝大多数对自我具有饱足性、实用性和时效性的欲望都是有实际边界的。

人就那么大一个肚子，吃少了不满足，吃多了会撑着；人就那么大一个身子，穿不了多少衣服，住不了多大的房子。受人的肉体生理性自身的限制，物质欲望是相对固定的，少则不足，多则无用。但人的精神欲望却有着无限的增长和膨胀空间。

有人认为，精神欲望与物质欲望之间存在着相辅相成和互掩互映的关系，我对此深以为然。

普通人吃五谷杂粮，这是物质欲望中的食欲使然；有钱人吃山珍海味，这就不单单是物质欲望，其中有一部分已上升到精神欲望了，是一种让自己区别于普通人的精神欲望。

穷人挣钱，这是物质欲望；富人继续挣钱希望成为亿万富翁直至挤上世界富翁排行榜，这就不单单是物质欲望，而是证明自己有能力并希望以此获得更高的社会地位和社会价值的精神欲望。

这就是说，个人的物质欲望是有一个基本标准和边界的，凡是超过这个标准和边界的，就大多可以断定其中隐含着一定的精神欲望与之相互掩映。

当然，精神欲望只有达到极致方才获得最大的满意度，比如控制欲就具有这个特点。控制欲是从人类自身的本能中发轫的一种特殊欲望形式。婴幼儿的控制欲首先从尝试控制自我的肢体开始体现，逐渐发展到将一切与自我欲望有关的外在事物作为控制目标，而且随着自我认识范围的不断扩大和认识层级的逐渐提高，以致产生了控制一切事物和一切精神现象的欲望。

比如一个国王，拥有足够的土地、人口和广博的资源财富，却仍然要常年指挥军队攻城略地，征伐不休。试想，当这个国王将整个地球都吞为己有之后，其控制欲会不会就此善罢甘休呢？不会的，他可能还会设想如何去控制星星、控制月亮，控制太阳，甚至控制整个宇宙及其运转方式。看来这个控制欲可能来自于上帝设定的极限，如果这个国王达到了与上帝平起平坐的至高地位会不会就此满意了呢？不会的，我想他一定会设法把上帝捆起来，控制起来，以便他一人独霸整个宇宙，独揽上帝的特权，也许这才会达到真正的、完全的满足。从这个意义上说，控制欲最终也是有边际的。

欲望的边际效应对于研究人类欲望的满足程度和人类幸福指数具有特殊的指导意义。作为社会管理者，能够提供多大的物质财富和精神财富才能实现民众欲望的基本满足并获得民众的支持呢？作为企业管理者，能够提供什么样的激励模式才能稳定员工、调动员工的积极性并实现长期有效的人事管理呢？这就使欲望的边际效应可以派上用场。按照欲望系统理论，不同的欲望具有不同的发源地，具有不同的目标物，具有不同的填充方式，因此也具有不同的欲望边际。

其中有些欲望边际与他人欲望边际或社会群体欲望边际没有交集，不发生矛盾冲突，这样的欲望是合理欲望，可以按照管理者的供给能力尽量给予满足；也有一些欲望，其边际与他人的欲望边际或社会群体欲望边际存在明显的交集、对立、冲突，其交集部分多半属于不合理欲望，如果不加以限制，便会激发社会矛盾，扰乱社会秩序，引起社会动荡，成为社会不和谐、不稳定的欲望因素。对这些不合理欲望，社会管理者要针对具体欲望形式以法律、道德、伦理、制度等形式设定具有限制作用的边际，以此规范和捋顺社会被管理者的欲望方向和欲望范围。从这个意义上说，一切管理，都是欲望管理，也包括对欲望边际的管理。

二、欲望的涟漪效应与波浪效应

欲望具有“一石激起千重浪”的涟漪效应和“一浪更比一浪高”的波浪效应。

所谓欲望的涟漪效应是指一个欲望产生之后便会接连产生与之相应的或类似的其他一系列欲望。这种现象就是欲望的涟漪效应。比如一个人的生理成熟之后便产生了相应的性欲，这个性欲望如同一块石头，在原本平静的心灵水面上荡漾开来，激起了一圈圈涟漪，包括：爱美欲，表现欲，尊重欲，恋爱欲，亲昵欲，繁殖欲，养育欲。甚至由此产生一些不合理、不健康的欲望，如恋母欲、恋父欲、强奸欲等等联动性反应。这种由一个欲望诱发的一系列欲望联动性反应现象就是欲望的涟漪效应。

欲望的涟漪效应表现为欲望的量的递增。大凡由人的生理机能产生的欲望都具有涟漪效应，除上面举过的性欲外，食欲也是如此。应生理需求产生的食欲，还可以接连产生饱餐欲、美食欲、食物占有欲、争夺欲等等，都是欲望的涟漪效应的体现。

欲望的波浪效应是指一个欲望产生之后出现的波浪性起伏变化现象，非单指欲望的量而言，而更多是指欲望的质而言的。一个欲望在质上有高低优劣之分，随着个人见识的提高，境界的提高，条件的改变，环境的改变，同一个欲望也会发生起伏不定的变化，我们把这种现象称之为欲望的波浪效应。

比如一个穷光蛋希望赚钱解决自己的温饱问题，能够挣到可供其吃得饱穿得暖的钱数就是他最大的欲望。后来他做生意发了财，赚到了很多钱，解决温饱问题的钱数的欲望彻底实现了，但实现了这个欲望之后，他赚钱的欲望非但没有就此休止，而是又一次提高了，希望挣到更多的钱，以便解决更多的人生欲望问题，后来他如愿以偿，果然赚到了更多的钱，但接下来，他的欲望仍然没有休止，还希望赚到更多更多……他的欲望体现为“一浪高过一浪”或“一浪推着一浪不断上升”的曲线效应，以至让人感觉到没有止境。

再如人类最初面对河流和海洋之时，为了渡河或入海，开始用木头造船，再后来用钢铁造船，再后来由造小船变成了造大船，造巨舰。造船的欲望越来越大，以至把船造成了“永不沉没的岛屿”。可见人类的欲望真可谓“一浪更比一浪高”。

正是欲望在质的方面的提高，才不断推动了人类的文明和进步。每一个“欲望之浪”都对下一个欲望起到推波助澜的作用，表面上看是欲望在量的方面发生了变化，究其本质则是在质的方面发生了变化，即量变引起了质变。穷光蛋赚了大钱之后因为天灾人祸使他一下子又变成了穷光蛋，他的欲望的波峰就会跌入欲望的波谷，其欲望在质的方面就会又一次发生改变，就会又一次回归原来的欲望期待指数，即希望满足温饱欲，其欲望是不会自消自灭的。

通常我们所说“欲无止境”，一方面是从欲望的量的不断递增上而言的，一方面是从欲望的质的不断提高上而言的。

当然，欲望的质的提高，在表现为波浪效应的过程中，也与其涟漪效应有很大的关系。一个人在挣钱多少的问题上表现为欲望的质的提高，而在满足了温饱欲之后，接连还会产生满足其他包括安全欲、占有欲、支配欲等更多欲望的涟漪效应，这就需要更多的钱数来支撑。

这就是说，欲望的涟漪效应与波浪效应是相辅相成、相互促动的关系，欲望的量越多，越容易激起某一个欲望的质的提高。一个人能否改变自己，成就自己，更多的时候不在于欲望的量的增多，而主要在于欲望的质的提升。量多了也不过是一圈圈的涟漪，而质提高了，才能形成浪，甚至形成排山倒海的巨浪。作为社会管理者或者企业管理者应该掌握欲望的涟漪效应和波浪效应，从而更好地把握被管理者欲望的数量变化和质量变化，并根据其变化规律制定激励措施、教化策略和制度手段。

三、欲望的星火效应与跟风效应

欲望的星火效应是指欲望具有星火燎原的趋势和现象。欲望如火，星星之火可以燎原。人的欲望有时处于沉寂状态，如同晾在太阳下面的干柴，一旦被点燃，便会越烧越旺，在适宜的环境和条件下可能会出现燎原之势，这就是欲望的星火效应。

比如贪欲，一个人做了官员之后，开始一段时间可能没有贪欲，比较本分，甚至也常以不贪不占的清白身家为自豪，但随着环境的改变，认识的改变，观念和心境可能也发生了改变。在某一天他贪占了1万元钱，此后便可能一发而不可收，由1万元、2万元，甚至10万元、100万元、1000万元地贪占下去。一个人玩弄女人的欲望也是如此，欲火中烧，按耐不住自己的时候，便会产生越轨的想法，如果越轨一次，以后再越轨的心理障碍就会越来越小，越轨的次数也会越来越多，玩弄的女性也会从一个到两个三个四个以至更多。

中国古代有一个讲小偷的故事，说是一个人第一次偷了别人家一根针，平安无事，以后就开始偷更大更多的东西，以至一见到别人的东西便心动，便“技痒”，便忍耐不住，后来终于变成了一个江洋大盗，直至被抓获而后止。“小偷针，大偷金”，小欲望诱发大欲望，推升大欲望，这些都是欲望的星火效应所致。

欲望的星火效应不同于欲望涟漪效应，欲望的涟漪效应主要是在欲望的量上说的，是指A欲望激发了B欲望，B欲望激发了C欲望，C欲望激发了D欲望……一系列欲望的出现和反应，欲望的波浪效应侧重于说明同一性质欲望在质的方面的递升或递减以及在质的方面呈现的波峰浪谷的状态；而欲望的星火效应则侧重于说明同一性质欲望在量的方面的递升趋势和变化情况，当其量趋之为“0”的时候，该欲望可能就会自消自灭，正如星火，可以点燃，也可以熄灭一样。点燃的引信可以是外部原因，也可以是自身内部原因。

如一个人生理成熟之后，产生性欲，这是点燃欲望之火的自身内部原因；而异性的出现，异性的引诱，则是点燃欲望之火的外部原因。同样，一个欲望消褪或堙灭，也是有其自身内部原因和外部原因的。比如一个人进入风烛残年时节，生理机能衰退了，性欲可能也跟着减弱了，甚至消失了，其性欲之火也就自消自灭了。倘若一个人生理机能尚好，但是没有异性近身，甚至长年累月看不到异性的影子，更极端一点说，从小到大一直没见过异性，也不知世上有异性的存在，这种情况，其性欲之火也会自消自灭。再比如一个人因为侵染疾病而成为植物人，其欲望之火便基本消失殆尽，这也是内外因共同作用的结果。

所谓欲望的跟风效应是指一个人或一个组织的欲望会引起其他人或其他组织闻风而生同类欲望的现象。比如乙看到或听到甲要去一座山上开采金矿，乙也动了心，也跟着上山去找矿，丙知道了之后，也闻风而动，于是一个传俩，两个传仨，很多人都上山找矿和开矿去了。这种现象就是欲望的跟风效应。

欲望的跟风使同一种欲望在社会的庞大群体中快速地横向展开、蔓延、模仿、演绎、递进和再创生，这是社会文明在广度上扩散、在深度上发展、在高度上升华、在性质上创新的连锁性和联动性反应，也是社会文明进步的根本发展方式之一。

比如一个建筑师建造了两层楼房，另一个建筑师看过之后，便可能产生了建筑三层楼房或更多层级楼房的欲望，以至使其他一些人开始研究建设高层建筑和爬上高层建筑的新方法、新方式，于是新的建筑方法产生了，新的爬升楼梯的方法——电梯也应运而生了，这就是欲望的跟风效应产生的连锁性和联动性反应。跟风最初可能始于简单的模仿，也可能带来灵感的诱发和变通，从而产生新的更好的创造和发明。从跟风、模仿到再创造和再发明，说明人类的进步总是以前一个欲望的实现为基础，这也是后一个时代的人类文明程度总要大大地高于前一个时代的根本原因。

从这个意义上而言，未来的人类社会定然要比现在变得更进步、更文明和更美好。但欲望的跟风效应如果仅仅局限于简单的模仿阶段，毫无新意的创造，便是庸俗的和猥琐的，并具有侵犯前人欲望成果的嫌疑，不利于保护前人的发明创造，不是一种足备的正能量的体现，所以欲望的跟风效应有时会对社会发展产生负面作用和负面影响。

四、欲望的目标指向效应和欲望的社会推动效应

欲望总是带有一定的目标指向性，欲望指向哪里，人的行为便会趋向哪里，社会的发展便会趋向哪里。

人的欲望结构决定社会结构、家庭结构、人文结构、生活结构。家庭结构几乎汇集了人类个体欲望的全部要素。源于性欲的驱动而结成夫妻关系，为了实现安全欲而建筑了房屋，为了满足食欲、饮欲而在房屋中专门设有厨房、餐桌、炊具、饮具，为了满足便欲而专门设置了卫生间，为了满足舒适欲而专门设置了床铺、沙发，为了满足求知欲和娱乐欲而专门购置了电视、电脑，为了满足控制欲而将这一切的所有权搞到自己名下。如此等等，在人类社会中，不拘哪一个地域、哪一个种族、哪一个历史阶段的人类，尽管彼此互不相识、互不相见、互不沟通，互不传递任何信息，但他们在家庭结构设计上几乎完全相同和类似，就像出自同一个设计师设计的同一张图纸一样。

事实上，这个设计师不是别人，而是人类相同或相似的欲望能量作用使然。人类社会结构也是如此，不论是远古的人类社会，还是现在的人类社会，也不管你是非洲的黑色人种，还是欧洲的白色人种，或者是亚洲的黄色人种，不管是操着哪一个语系的群体，其社会结构、人文现象、生活习俗、伦理道德等都是相同或相近的。人类的控制欲、占有欲是驱使人类发动战争，建立国家、军队、警察，设立法院、监狱等强力机关，催生了社会等级关系，建立了差不多相同或相类似的社会秩序、社会法制、社会体制和管理机制，每一个民族在各个历史时期都在生存欲、发

展欲、求知欲的驱动之下而建立了私塾、学堂、院校等。

在神性欲望的诱使下，各地域、各民族、各个历史时期的人类几乎都对人死后升天给予了无限美好的寄托，这一点从全世界各地的考古学中就可得到证明，不管是埃及的金字塔、中国的秦皇兵马俑，还是各地从古墓中挖掘出来的各类器皿、钱币等东西，以及各地、各民族差不多相近或相似的尊神、敬神习俗与信仰，都是人的神性欲望结构在人类社会中的体现。中国人死后，活着的亲人逢年过节上坟烧纸钱，其中所寄托的神性欲望也是不言而喻的。

欲望有善与恶之分，抑制恶的欲望既需要自制也需要他制。而欲望的他制主要来自于社会的力量，包括道德与法律的力量。这就使人类社会在大的方向上说，必然要朝着善的欲望方向上发展，这也是欲望在社会标准和规范下的大势所趋，是不可抗拒和不可逆转的。

所谓欲望的目标指向效应，指的是一个人或一个组织的任何一个欲望都表示和预示着一个追求目标、一个发展方向，并在行为上发生反应，这种现象就是欲望的目标指向性效应。比如一个人的温饱欲和安全欲指向的是对食物的占有欲和对房屋、对衣物的占有欲，对财富的积累欲；一个人的安乐欲指向的是美食欲、休闲欲、便利欲等等。

所谓欲望的社会推动效应指的是一个人或多个人、一个组织或多个组织各种欲望汇合之后，会形成一种推动社会进步或后退的宏大力量，并反映在社会的方方面面，这种现象即是欲望的社会推动效应。比如旧时代的奴隶之所以获得了解放，正是缘于人对自由欲的追求，人类之所以发明了汽车火车，正是缘于人类具有追求快捷和便捷的高效欲；之所以发明了飞机，正是缘于人类具有跟鸟一样自由自在的飞翔欲；研制复杂的电脑之所以在操作方法上做得如此简单便利，正是缘于人类普遍存在的便利欲和高效欲，图希便捷、高效、省事、省心，是人类普世共有的欲望；之所以把高楼大厦建设得很美观，把飞机轮船建造得很美观，把电脑手机制造得很美观，正是缘于人类普遍存在的审美欲或趋美欲。所谓“爱美之心人皆有之”，这是人类把眼前的一切都力求建设得很美丽的根本动力。

欲望在推动人类社会的进步和发展，没有欲望，社会将会一塌糊涂，不堪入目。人类社会的主流欲望既是趋美的，也是趋善的，因此，美和善也是人类社会的发展方向。

作为个体的人的欲望最后终究会回归人的本性自身。因为人有性欲，缘于性欲难以使每个人获得足以尽意的满足，所以才有了性保健品的出现；因为人有美食欲，缘于美食并非每个人皆会制作，所以才有了专门制作美食的厨师和饭店；因为人皆有安全欲，所以才研究出钢筋水泥结构的坚固房屋；为了防范外敌入侵，保证本人、本家、本国的安全，所以才有了飞机大炮导弹的出现；因为人皆有占有欲，所以才有了对各种物质财富的不断创造和生产；因为人皆有娱乐欲，所以才有了乐谱乐器和各类演艺节目的涌现……如此说来，社会上存在的一切好的美的善的东西，几乎无一不是按照人类欲望的目标指向发生发展的，人类社会的发展也正是在这些欲望的推动之下才高歌猛进的。这就是欲望的目标指向效应和欲望的社会推动效应。

五、欲望的压力效应与冲突效应

欲望之火只有被点燃才能照亮自我心灵，欲望之水只有具备泉眼才能喷薄而出，点燃的欲望之火在条件具备的情况下会越烧越旺，涌动的欲望之水在足够的压力之下才能越喷越猛。这就涉及到欲望的压力问题。一个人的压力来自两个方面，一是来自于自身的生理机能或生理需求的压力，这是内部压力；一个是来自于生存环境和条件的压力，这是外部压力。这两个压力都会对欲望产生重要影响。这种由于欲望感受到的压力而影响欲望以不同的方式产生、发展、实现、满足和宣泄的现象，我们称之为欲望的可感性压力效应，简称欲望的压力效应。

比如，一个人如果没有性生理匮欠，便不会产生性欲，正是因为有了性生理需求，才产生了性意识、性觉醒和性欲望。性生理的成熟度越高，性饥渴越是强烈，性欲感受的压力也就越大，便越想得到释放，得到宣泄，得到满足，这是内部生理压力产生的效应。外部环境和条件也是欲望压力的来源之一。

比如，身边的异性越是美若天仙，越是花枝招展，越是楚楚动人，对性欲望的诱惑便越是强烈无比，而当求之不得，苦追不得，便越会感受到性欲的压力，倘若苦追苦求的恋爱对象随人而去，就会给自己造成性欲方向的迷失，从而产生更大的性欲压力。在这种强烈的压力之下，性欲便越发急不可耐，性欲之水便越发渴求宣泄，但苦于失去了突破口，失去了喷发的对象，致使性欲的涌流只能被憋住，被堵塞，内中可能隐藏着巨大的冲突和危险。

一方面，被堵塞的欲望之水可能会找到非理性的突破口进行喷发。比如强奸等案例的发生，就是因为压力太大急需喷发而选错了欲望之水的喷发口或喷发对象。

另一方面，有些人无力承受失恋后的性欲之门被关闭的压力，以至于把自己压垮了，甚至导致心理崩溃，精神失常，这也是生理欲望得不到释放和满足之后而出现的心理疾病状态。

还有一种情况，就是有些人失恋后把感情和精力被迫无奈而转移投入到了其他方面，比如转而把感情和欲望努力倾注于事业上，让自己心中的欲望之水换一种突破口来喷发。中外很多科学家、文学家据考证都有过很激情并很失败的恋爱史，爱欲之水得不到合适的突破口喷发，转而投向事业，让这激情四射的欲望之水醍醐灌顶般浇在事业的征途上，最终催生了事业欲的阳光般绽放。

这就是说，欲望之水被打压、挤压之后，如果不从东边的口喷发出来，就会从西边的口喷发出来，总之，它是必然要喷发的。这就说明，欲望之水在一定压力的作用下必然要左冲右突，必然要通过某种途径或某种方式表现出来、突围出来和喷发出去，必然要寻找各种可能的突围机会和喷射机会，只是最终选择的喷发方式和宣泄口不同而已。

因此，压力的大小决定了欲望的内在冲突程度，压力小，则冲突小，喷发力小；压力大，则冲突大，喷发力大。欲望产生的心灵冲突的大小与压力的大小存在着正比例对应关系，并且这种正比例对应关系必然要通过一定的外在形式表现出来，我们把这种现象，称之为欲望的表现性冲突效应，简称欲望的冲突效应。

欲望感受的压力越大，欲望由内心表现出来的冲突程度也越大，相反，欲望感受的压力越小，欲望由内心表现出来的冲突程度也越小。如果一个人的欲望没有遇到压力，或者压力不足和偏小，就会使欲望之水喷发无力，这说明其外在表现出来的冲突也会很小。

比如性冷淡患者，对性欲要求不很强烈，其性欲所表现出来的冲突也较小或很小，其释放性欲和追逐异性的劲头就不会很大，这样的人一般奋斗精神也不会很足。压力决定欲望的强烈程度，比如生存压力大，就会激发较大的奋斗欲望。如果一个人在社会上不被重视，不受尊重，这个人就会有尊严欲难以被满足的压力，这样的压力越大，他就越希望自己出人头地、脱颖而出，越希望在社会上表现出自己的独特价值，他就越会产生奋斗的欲望、上进的决心，一旦找对了事业的突破口，他的欲望之水就会喷薄而出。

作为社会管理者或企业管理者，要为被管理者施加适宜的欲望压力，既不要过大，也不可过小，要把握好施加压力的分寸和尺度，拿捏好压力的砝码重量，让被管理者的欲望之水得到合适的喷发，变成推动事业进步和发展的积极力量。同时，对那些有可能不利于组织发展的浑浊的欲望之水，要为他们找到合理的和合适的喷发口和喷发方式，而不要简单地采取阻遏和堵塞的办法，防止欲望的冲突效应引起社会性冲突，防止被阻遏被压抑的欲望在冲突中造成对组织对社会和对其本人的严重伤害。

其实，对人的欲望负责，就是对人负责，对人的欲望管理，就是对人的管理。可以说，这也是人本管理的精义所在。

欲望不但会导致心理问题、精神问题，更会导致生理问题。这就是说，有了足够而且适宜的压力，会使人为欲望的泉水努力寻找突破口喷薄而出并藉此获得快感。而压力太大，欲望的泉水就会恣意喷射，作为个体的人就会产生过于激烈的情绪反应和行为反应，并有可能打破既有的和谐与秩序。倘若压力过小，欲望的泉水将被深深封存于内心，如一潭死水，了无波澜，永不喷发，对自己、对社会毫无作用，这当然是很可悲的。

六、欲望压力弹性效应

欲壑是一个怪物，长着无数张嘴和一个极富弹性的胃，嘴张开和胃弹开时上能包天，下可容地，卷缩时甚至可以一物不存。比如一个人的性欲，鳏寡孤独者或者出家的和尚，有的可以常年闭锁性欲，不求性欲的满足，或许能够做到永不发作也未可知；也有的人一夫一妻终老一生便倍感足矣；还有的人虽是“后宫佳丽三千人”，却也年年在普天之下大选美女充入后宫待幸而不足。说明欲壑具有既可以缩小趋元也可以无限扩大的特殊功能。

欲壑这个怪物之所以这么怪，是由于它总是随着自身所处的欲望系统的内在条件与外在条件的对应性变化而变化。从内在条件上看，一个人某方面的欲望曾经受到过强烈的压抑，其欲望冲动未能得到合适或合理的排解和释放，所造成的痛苦可能会使其失却自信，而干脆放弃满足，转而以一种替代的方式去寻求其他欲望的寄托和满足，从而使那个被压抑的欲望渐渐呈现了一种自我禁锢的闭锁状态。

或者与此相反，其欲火长期受压，有如火山下的能量积蓄，一旦有机会喷发，便一发而不可收。有道是“压力决定动力”，正因为有足够而且合适的压力才能产生足够的欲望喷射力。通过物理性试验可知，物体压力过小，弹簧不会表现出强劲的弹性，物体压力过大却又可能会把一个弹簧压得失去弹性。同样的道理，欲望压力过小也不会使欲望产生强烈的追逐欲和释放欲，欲望压力过大又会把一个人的欲望压得扭曲变态甚至彻底压死。只有合适的合理的欲望压力，才能使人的欲望系统实现和谐有序的平衡运动。

不同的压力体验和不同压力留下的记忆，会使后来发生的类似的欲望表现出与现时的压力或曾经的压力相对应的大小变化。其中，欲缺或欲壑的表现尤其明显。

我们把欲缺或欲壑随着个体生理机能的变化而变化并进而感受到压力的变化，称之为欲望压力弹性效应。

七、欲望目标弹性效应

从外部条件上看，一个人的欲望总是与其所能发现、所能捕获的填充物为目标，随着个人活动空间和个人视野见识的不断扩大，其发现的欲望目标会越来越多，越来越大。

最初为某一欲灶及欲缺设定的欲望目标与后来新发现的欲望目标相比可能已经相形见绌，不可同日而语了。于是欲壑这个怪物的胃口就会迅速地增大，企图把新发现的更大的欲望目标作为吞食的对象。再后来，甚至这个新的欲望目标也是“小巫见大巫”，不足以满足其不断增大的胃口了。那么再后来呢，再后来如果地球可以归一个人独霸天下，那么他就一定会希望自己能够成为这个人。所谓“人心不足蛇吞象”“欲壑难填”“野心勃勃”即是出于欲壑所具有的这种无限扩大并不知餍足的特性。

人被欲望蛊惑着、牵引着、控制着和驱动着，人是欲望的奴隶，甘愿受到欲望的驱使。

欲望与生俱来，人人皆有。它可以催人上进，激人拼搏，使人奋起，创造事业辉煌；也可以使人得寸进尺，得陇望蜀，永不满足，最终身败名裂，自毁前程。如何看待欲望，如何驾驭欲望，如何控制欲望，如何追求欲望，如何满足欲望，不同的人心中有一杆不同的秤，不同的人表现出不同的手段和技能。有人为欲望消得人憔悴，有人孜孜不倦以求之，直至陷入泥沼不可自拔；也有人却跳出三界外，挥剑断欲魔，不再执著一念，深深懂得“烦恼皆由心造，何如太上忘欲”之真谛。不同的修养，不同的胸襟，不同的学识，不同的见识，不同的气度，都会以不同的意志、态度和境界对待和处理欲望问题。

我们还可以举一个外在环境或外在的欲望目标影响其欲壑变化的相反的案例，假如在6000万年前的侏罗纪以前某段岁月里，一个部落酋长很喜欢吃恐龙肉，他的子民常年为他捕猎恐龙，这说明这位酋长食欲的目标是味道鲜美的恐龙肉。但忽然有一日，恐龙在地球上灭绝了，这位酋长的食谱里没有了恐龙肉，失去了最好的欲望目标，他会怎么办呢？他肯定会自降一格，不得已而求其次，转而以野兔、山羊、或者干瘪的野果作为自己食欲的目标了。这说明人的欲壑是要随着环境和条件的变化而变化的，随着欲望目标的变化而变化的，而绝不是一成不变的。

我们把欲望系统中因欲望目标的变化而使欲缺或欲壑也发生相应变化，称之为欲望目标弹性效应。

八、欲望从众弹性效应

心理学已经证实，人人皆有从众心理。一个人想做什么，一个人以什么为价值取向，往往与社会主流群体或优势群体的诱导有直接的关系，个人欲望深受主流群体或优势群体的感染、影响、鼓励和煽动。

当你同七八个人来到某个饭店，看到饭店的菜谱上有红绕果子狸，其中多数人说果子狸肉味鲜美，并都想品尝一番时，你虽然对果子狸这种动物一无所知，却也可能受从众心理的驱使而毫不犹豫地点了这道菜。后来你听说“人吃果子狸很可能会患上一种极富传染性的疾病”，你大呼后悔，却不知当初恰恰是从众心理诱导了你的食欲指向。

一个时代总有一个时代的流行词语、流行歌曲、流行服饰、流行活动，也相信很多人都曾介入过这些流行的时尚中一领风采，但过后却未感觉到是自己真正的欲望所系。甚至一些本来没有什么意义的欲望目标成为了人们趋之若鹜的对象。

一些在从众心理的驱动下而产生的欲望，也必有一个从众的新的欲望目标，因此也必有一个从众的新欲缺。人们把这个新的欲望目标鼓吹得有多大，从众者的欲壑可能就会膨胀得有多大。比如文革时期在“人有多大胆，地有多大产”的口号鼓舞下，很多人民公社和农业生产单位确立了高高的欲望目标水准，同时也使他们的欲壑产生了巨大的膨胀空间，虽然其欲望最终未能获得真正意义上的实现，却掀起了一场“社会主义建设新高潮”的行动。

由此看来，欲望受到从众心理的驱动，其欲壑也会产生从众性的变化，对于欲望所具有的这种从众性变化，我们称之为欲望目标弹性效应。

九、欲望对神经和意识的反驱效应

欲望来自于神经对于匮欠的反应。欲望一经产生，人的思维就开始为欲望而活动，人的肢体就会为欲望而行动。

人的意识始终发挥着加工信息、整合信息、逻辑分析、判断推理与发纵指示等功能。其所指挥的不是肢体本身，而是支配肢体行动的运动神经。如果说，大脑是整个自我组织中的最高统帅，那么，运动神经便是这个组织的中层领导，肢体则属于直接接受运动神经支配的基层劳动者。而欲望的位置更为特殊，它本来是大脑对于神经反应的应答性产物，却有资格位居于大脑意识之前和有能力凌驾于意识之上，并成为意识活动的第一驱动力量。欲望一出现，神经的地位便发生坍缩，而以意识的形式呈现出来。

从匮欠发生到神经感觉，从欲望产生到大脑意识之间存在着的一种极为特殊的关系，导致整个自我结构呈现为一种难解难分的自组织系统。神经产生欲望反应，欲望驱动意识的发生和发展，意识反过来又要为欲望牵马扶凳，效力尽忠。同时，意识又要为满足欲望而对神经发布指令，让神经按照欲望方向驱动肌体付诸行动。没有欲望，大脑意识就不会产生一连串的思维活动，也不会发出任何指令，因为没有目标方向的指令是根本不存在的。

我们把欲望通过神经反应而在大脑中产生出来之后，不但驱动大脑产生意识活动，而且又能反过来凌驾于意识之上，并促使意识心甘情愿地为欲望服务，同时又由意识驱动神经予以积极配合的特殊关系，称之为欲望对神经和意识的反驱效应。

这种反趋效应就像母系社会出现的一种特殊家庭关系一样：一位叫作刺激的男子与一位叫作神经的女子耦合交媾后，便溜之乎也了。神经女子因这次云雨之情而生了一个叫作欲望的鲁莽的儿子，欲望又生了一个叫作意识的孙子，这个孙子却格外聪明智慧。在这个三位一体而又三代同堂的家庭组合中，儿子对于母亲而言虽然是后来者，却后来居上而靠着鲁莽劲临时掌握了这个家庭的主导权，为了满足自己，他不断驱使孙子帮自己出主意想办法，或许是做儿子的不便支使母亲的缘故，就让孙子充当了这个不孝的角色。这样，孙子按照他爹的意愿而指挥他的奶奶，并要求奶奶支配躯体四肢付诸行动，用以满足儿子的各种要求。但随着孙子日渐成熟，以其特有的聪明智慧，逐渐在这个家庭关系中占据了上风，成为了这个家庭的真正主人，亦即自我意识。

这就是欲望的反驱效应。

人体各大生理系统中的一切欲灶都在感觉神经的统摄范围之中，虽然其所在的生理部位和功能环节不同，但无一不遍布着感觉神经细胞的“探子”的盯梢。不同的欲灶因居于不同的生理部位和不同的感觉神经（感受器）统摄范围之中，所以其产生的欲望属性和欲望方向也会有明显的不同。

生理器质性欲灶部位发生问题会引起功能性障碍，并造成匮欠性神经反应，神经反应会牵引出欲望这个怪物，欲望这个怪物又推出意识这个孽种，回头又借助意识对神经系统吆五喝六，让神经系统鞍前马后地为欲望服务，为欲望效劳。正是在欲望驱动下，由神经功能所对接的大脑产生了思维、心理、情绪、情感、理性、思想、精神等一系列意识活动，并由这些意识活动构建了自我人格的主体内容。

第九章　欲望的分类标准与适用性解析
——从不同观照视角看欲望的社会性作用

人类的欲望多种多样，千奇百怪。自古以来，人们对欲望的分类几乎没有找到科学严谨的或令人信服的划分标准。一些社会学者或心理学家对于各类不同欲望的描述常常在内涵和外延上带有明显的交合或重叠。

鉴于欲望涉及到人类生活的方方面面，只要有人的地方就有欲望的魅影呈现，使得人们在欲望二字前面尽可以冠之以任何代表类属的词语。如物质欲望、精神欲望、心理欲望、生活欲望、工作欲望、学习欲望、爱欲、性欲、情欲等等，林林总总，不一而足。

这些分类，几乎很难看到一个严谨而统一的标准，观察者以其阐述问题视角的不同而可以任意做出不同的侧重性归类解读。这样做，似乎并没有耽误或影响人们说明问题和解释问题的准确性。但其中却也深深蕴藉着人们对欲望一直以来所具有的模糊认识，这对于从更深的层次和机理上揭示问题的本质和提出解决问题的"终南捷径"毕竟存在着显而易见的障碍。

以下这几节内容是我早在 2010 年以前对于欲望分类及其所蕴含的机理的初步考察、分析与阐释，与我后来几年中连续不断的对于欲望的更深层次的研究相比，还是相当浅近而且笼统的。但我仍然把这些内容放在本书后面而聊备一格，或许可作为研究欲望的有志之士作参考之用。

中国古人有七情六欲之说，这是对欲望的一种数字化分类表述。

《吕氏春秋·贵生》首先提出六欲的概念："所谓全生者，六欲皆得其宜者。"那么六欲是指什么东西？东汉哲人高诱对此做了注释："六欲：生、死、耳、目、口、鼻也。"可见六欲是泛指人的生理性欲望。人要生存，生者不但惧怕死亡，而且还希望活得有滋有味，有声有色。于是，嘴要吃，舌要尝，眼要观，耳要听，鼻要闻。这些欲望与生俱来，皆"弗学而能"（加注：《礼记·礼运》），即不用人教就会。后来有人把这六欲概括为"见欲、听欲、香欲、味欲、触欲、意欲"。

佛学也有六欲之说，指的是：眼、耳、鼻、舌、身、意。但佛家的《大智度论卷二》记载的说法与此相去甚远，认为六欲是指：色欲、形貌欲、威仪欲、言语音声欲、细滑欲、人相欲。基本上把"六欲"定位于俗人对异性天生的六种欲望，也就是现代人所谓的"情欲"。情和欲其实是两个不同的概念，有学者认为，情主要是指人的情感表现，属于人的心理活动范畴；而欲则是指人的生存和享受的需要，属于生理活动的范畴。民有谚云：情切则伤心，欲烈则伤身。说明情与欲分别属于"心"与"身"两个联系密切却又不同的领域。其次，情与欲互动互补，相辅相成，欲可以生情，情也可以生欲；欲的满足需要感情的投入，而情的愉悦也有赖于欲的满足。

实际上人类欲望远远不止于六七，中国人所说的七情六欲，泛指人类的一切情感和一切欲望。本书根据人性的特点和前人总结的经验与理论，分别从不同的角度、不同的用途和不同的观念将人类的欲望进行如下一般性分类。

一、原发性欲望与后发性欲望

我在本书系里对欲望所划分的八个层次，也可以被界定为欲望的八个属类，这八个层次或属类。不但其产生的层级有先后与高低之分，而且其产生的机理也有内外与正负之别。

我在阐述欲望层次理论的专门章节中，特别对感性欲望层次中关于舒适反应问题进行了较为详细的讨论，并提出了内觉性不适反应和外觉性不适反应这两种感性反应形式。

有鉴于此，我们认识到，由内部感觉产生的欲望为本性欲望。本性欲望发轫于生理机能的内在（体内）匮欠性信号刺激，我们在这里可称之为原发性欲望、内源性欲望或内觉性欲望。

自本性欲望之后的其他较高层级欲望基本上都是由外部感觉引发的欲望形式，包括感性欲望、知性欲望、情性欲望、理性欲望和神性欲望，都是经由某种外在目标信号的提醒、提示而向内部感觉作出呼应后产生的应答反应。这类欲望始发于自我之外，来源于对自我有益或有害的外在客观事物的特定目标信号刺激，感知系统在接受刺激、认同刺激之后完成对目标的反馈、应答过程，而后才形成一种感悟性、体认性的相对匮欠，从而形成针对于这一特定目标的匮欠性应答反应。我们把这类欲望称之为后发性欲望、外源性欲望或外觉性欲望。

后发性欲望基本上都是在受到某一目标信号刺激后产生的。关于对自我有益的目标信号刺激的例子，我们在前面已经列举过多个，这里我们还可以举一个相反的亦即有害的例子。

比如甲看到乙家的住宅倒塌之后，甲便会受到乙家住宅这一目标信号的提醒而产生一种有针对性的自我保护的后发性欲望（安全欲），旨在加固房屋，检测、排查和消除危险因素等。

原发性欲望和后发性欲望都是条件反射的一种表现，前者的条件是生理机能或生理功能出现了直接匮欠信号刺激，后者的条件是发现与自己生存或发展有关的外在客观事物的特定目标信号刺激，通过外在（体外）信号传入神经系统而挑起的匮欠应答反应。欲望的产生不外乎内源性刺激和外源性刺激这两种形式。

这就是说，所有欲望的产生都是一种条件反应，都是受条件信号刺激而生成的。

按照以上讨论的内容，只有两种条件可以产生欲望：一种是源于内在条件刺激，源于内部感觉，产生的是原发性欲望；一种是源于外在条件刺激，源于外部感觉，产生的是后发性欲望。

这里所谓的条件反应与巴浦洛夫的条件反射概念殊有不同，巴氏将本能性的反射称之为非条件反射，而将非本能性的反射称之为条件反射。而我认为，尽管内在的匮欠性信号刺激会产生本能的反应，但也是有条件的，如果没有这个内在匮欠性条件作为前提，那就不会产生原发性欲望。同样，如果没有外在的目标性信号刺激这个条件作为前提，那么也同样不会产生后发性欲望。

一切欲望皆来自于某种本性的、感性的、知性的、情性的、理性的、慧性的或神性的匮欠反应。所谓匮欠有绝对性匮欠与相对性匮欠之别。绝对性匮欠指的是直接反映在生理之中的、并已然影响其正常状态和平衡运行的匮欠。比如同样是食物，甲处于饱胀状态，其消化系统的感受器及饥饿感脑区没有产生对于食物能量的匮欠性需求反应，所以不会产生食欲；而乙处于饥饿感状态，其消化系统的感受器及饥饿感脑区已然形成了对于食物能量的匮欠性需求反应，所以必然会产生食欲。这后一种情况即属于绝对性匮欠。

相对性匮欠指的是自己尚未感知、尚未发现某一特定目标对象之前没有形成匮欠性反应，但在感知和发现了外在特定的目标对象之后，经过感性、知性、情性或理性的认知，而后确认了自身匮欠性事件的存在。这种后来感知到的匮欠性事件，是相对于其他人、事、物或相对于自己以前的经历、经验而形成的，因此具有明显的相对性和滞后性。这种相对性和滞后性匮欠更多的时候来自于外在的横向目标性比较和内在的纵向经验性比较而产生的。

比如，本来自己有一处70平方米的楼房，住着蛮舒服，蛮安全，蛮合意，后来去朋友家串门，发现人家的楼房是120平方米的，宽敞明亮，高端大气上档次，使其眼界顿开，遂产生也想重新购置更大更好楼房的欲望。

再比如，自己的月收入相对于以前已经有了大幅度的提高，本来感到很满意了，但后来发现同行业或同岗位的其他同事或朋友的月收入远远超过自己很多，于是出现了新的不平衡和新的匮欠性反应，并由此产生了获得更高收入的新欲望。

所以，相对性匮欠主要是通过比较后产生的多与少、大与小、优与劣等之间的差距。这种由比较后发现的差距而产生的相对匮欠性欲望是推动人们向着更好、更大、更高、更远的目标前进的动力。

相对性匮欠具有后发性特点，是对目标进行比较后方才感知到的匮欠。倘若发现的目标劣于自己已有的条件或境况，尽管也造成了反差和距离，但不会对自己产生匮欠，而只能对别人产生匮欠。因为人类总是向着更高、更好、更完美、更实惠、更有益的方向成全自己和完善自己的，这也是人类欲望发生和发展的基本方向，我们在这里将这一规律称之为欲望定理。所谓“人往高处走，水往低处流”说的就是人类欲望方向所遵循的基本原理。

由欲望定理产生的效应，可称之为欲望趋优效应，亦即人类欲望总是朝着更高、更好、更全面、更完美、更实惠、更安全、更有益、更便捷的方向发生和发展的势态。这种由欲望定理决定的欲望趋优效应是人们产生优越感或自卑感的根本原因。欲望趋优效应激励和驱动着人们既要为物质性生存而战，也要为精神性生存而战。

比如，在获得必要而充分的物质满足之后，欲望主体仍然孜孜以求，奋斗不止，就是为了获得更大的面子、尊严、荣誉、价值等精神方面的满足。从常理上讲，由欲望趋优效应所驱动的优越、优等、优秀、优质的东西总能更多、更好和更全面地满足人们在生存欲、安全欲、舒适欲、审美欲、价值欲等各方面的需求。

所以，欲望定理和欲望趋优效应决定了欲望总是在不断地向着更高层次和更高境界发展，我认为这同时也是导致“欲无止境”的根本原因之一。

二、生理欲望与心理欲望

生理性欲望属于内觉性不适反应而产生的本性欲望形式，与本性欲望是同义语。只是二者的划分视角不同，生理性欲望是从人的生理功能属性上界定的欲望形式，而本性欲望则是从人的认知层次上划分的欲望形式。

凡是由生理匮欠所导致的欲望形式都属于生理性欲望，而且其中还隐含着一个非常大的特点，常常被人们所忽视，这就是所有生理性欲望都与神经内部感觉具有直接联系。一方面，所有的内在匮欠在被内部感觉神经觉察之后才能产生生理性欲望；另一方面，所有的外在目标在被外部感觉器官捕获之后，并与内部感觉性的匮欠具有对应关系时才能产生生理性欲望。

这就是说，生理性欲望结构有两种形式：一种形式是“匮欠—内部感觉—目标”；另一种形式是“目标—外部感觉—匮欠”。

从认识过程上看，离开了感觉，或者与感觉这一认识阶段无直接关系的欲望形式都不是生理性欲望，而只能属于其他欲望形式——或心理性欲望形式或精神性欲望形式。所以，我们在判断生理性欲望时，可以看它是否与感觉之间存在着一对一的直接对应关系。其内部结构形式是：感觉→生理性欲望。

生理性欲望是体内神经智能层（即感觉层）产生的欲望，因此也是体内满足型欲望，是由人体内部新陈代谢活动产生的能量需求和能量释放造成的内部感觉引起的。任何一种生理欲望只有在填充物目标通过生理能量进口进入人体之内或通过生理能量出口排出人体之外，才能获得内部感觉的满足，这才是生理欲望的终极满足，所以我们将生理欲望也称为内觉性欲望，或内源性欲望。比如食物、水、空气等等都必须通过能量进口而真正进入人体之内，或者通过能量出口而排出人体之外，才能获得生理满足。

心理性欲望是欲望主体针对知觉、情觉、理觉、悟觉或灵觉这些认识层次而产生的知性体验、情性体验、理性体验、悟性体验、灵性体验所做出的应答反应，是由外觉性或外源性不适反应而产生的欲望形式，是主体根据外在客观环境中的影像信号意义与头脑中内在相对应的表象符号意义之间、或者相似境况中的不同表象符号意义之间，通过关联比较而呈现的差异性匮欠经验、差异性满足经验或差异性现实体验所产生的欲望反应形式。

一切心理欲望都是在通过事物之间联系所形成的差异比较性认知基础上而产生的。

如果说，生理性欲望属于感觉层次产生的欲望，那么，心理性欲望则属于知觉层次产生的欲望，二者的出生完全是两个层次上的事情。按照事物存在和发展的逻辑，一般总是由哪里产生出来就必须在哪里给予满足，在哪个认知层次上产生便必然在哪个认知层次上给予满足。

生理欲望或者直接产生于内部感觉，或者间接地从外部感觉衍射于内部感觉，并在内部感觉中定格，在内部感觉中得到落实，得到确认，得到证验，得到满足，得到平衡，得到化解，因而属于内觉性欲望，或内源性欲望。而心理欲望或者直接产生于外部感觉，或者间接地从内部感觉衍射于外部感觉，并在外部感觉中定格，在外部感觉中得到落实，得到确认，得到证验，得到满足，得到平衡，得到抚慰，所以心理欲望也称为外觉性欲望，或外源性欲望。

心理欲望是个体自我在欲望场内针对有益于或有害于自我的目标或事件而产生的知性欲望形式。任何一种心理欲望只有在目标物按照自我所倾注的方向运行并得到知性认同，才能变现为终极的心理满足。

比如在一个开放的欲望场内，当你看到一个有用的好东西时，在知性层面上却发现这个东西是沿着与目标吸引力相反的方向运行时，便会产生遗憾感、失落感、疏远感、遗弃感、失意感、抱恨感，并由此产生悲观消极的情绪反应；相反，在知性层面上发现这个东西是沿着与目标吸引力相同的方向运行时，便会产生期待感、快活感愉悦感、欣慰感、幸运感、得意感，并由此产生乐观积极的情绪反应。一旦这个好东西完全为我所控制、所掌握时，心理才会得到真正的满足。

同样的，对于一个不好的东西进入欲望场之内，会发生场域干扰现象。只有当这个不好的东西沿着自我排斥力的方向运行时，心理才会产生放心、安心的知性反应；而一旦这个不好的东西沿着与自我排斥力相反的运行时，即朝向自我运行时，就会产生不安感、危机感、恐惧感。

心理性欲望由外部感觉层面的舒适而弥散到内部感觉层面的满足，从而实现从外到内的互联互通和互应互动，并由此实现了体外与体内信息的和谐流通、外部感觉与内部感觉的和谐畅通、心理舒适与生理舒适的和谐贯通。同样的，生理性欲望由内部感觉层面的舒适而弥散到外部感觉的舒适，从而实现从内到外的互联互通和互应互动，并由此实现了体内与体外信息的和谐流通、内部感觉与外部感觉的和谐畅通、生理舒适与心理舒适的和谐贯通。

这说明生理欲望与心理欲望是唇齿相依、相得益彰、相失俱损的关系，由此使得人的生理与心理之间建立起了一个相抚相慰、身心相投的通道，并使身体健康与心理健康构成互联互通、互应互动、得失相向、相依为命的关系。我们将这种关系称之为身心内外互通互应效应。

比如肚子疼痛时，眼睛看到什么都不顺眼，看什么都不快乐，这是内部感觉与外部感觉之间所具有的互通互应关系造成的。再比如当受到外部事物影响而使自我心情不爽时，即便连整个身体也感到不舒服，即便夜间睡眠也感到浑身不自在，这是外部感觉与内部感觉之间所具有的互通互应关系造成的。这两种情况都完全符合身心内外互通互应效应。

心理欲望是建立在知性基础上的欲望，而人类的知性绝大部分来自于外部感觉，来自于外部感觉的比较性认知，没有比较，外部感觉便不会产生关于事物好与坏、多与少、得与失的知性。如果把心理欲望比作一条河流，那么这条河流的上游某个点位与下游某个点位必须存在一定的落差，心理欲望之水才能流动起来，否则这条河便会静止，不会产生流动效应。

你看到一位同龄伙伴当了部长，自己却一事无成，别人当了部长的影像符号与你沦落草民的表象符号，形成了一种落差，使你的心理之水产生了不平衡的倾斜性流动，可能由此会在你的心理激发出努力上进、不甘人后的欲望驱力。你过去的日子吃糠咽菜，现在天天有山珍海味摆在眼前，以前艰难度日的表象与现在的影像形成鲜明的差异性比较和差异性体验，你可能会藉此在心理上产生了一种生活优越感、满足感和幸福感，这是在欲望趋向上得到满足时所获得的心理快慰。

还有的时候，你可能说不清什么原因而想起了一个人、一件物品或一件事情，并由此联想到其他人、其他物品或其他事情，两种表象资料之间通过比较而产生了差异性遗憾或差异性快慰，心理之水便无法静止下来，汩汩流淌，令你不由得产生了诸如激动、不安、兴奋、烦躁、嫉恨、懊悔等各种心理反应。这种反应几乎完全是同一种欲望属性在两个不同时空序列的表象资料所造成的差异性缺失或差异性满足激发出来的，甚至令你久久不能自已，不能安睡。这些都属于心理欲望反应形式。

在感觉基础上发展而来的知觉和在知觉基础上发展起来的情觉，对目标性事物能够做出整体属性的感知反应和相互联系过程中的表达性感受反应，我们把这两种情况笼统地归为知性性反应。说明该目标在经过多个感官的多次映射之后引起了一定程度的注意，多方面信息经过神经传导过程在大脑中完成了一定程度的综合与反馈，并由此产生了对这一目标的知性欲望。其内部结构有两种形式：一种结构形式是，目标→知觉→匮欠；另一种结构形式是，匮欠→知觉→目标。

先看第一种结构形式：目标→知觉→匮欠。比如，发现一个食物性目标，内部匮欠致使内部感觉做出了应答反应，产生了食欲，这是本性欲望使然；当嗅到这个食物目标散发出一股香味，外部感觉在此发挥了作用，更想吃了，这是感性欲望使然；当看到这个食物目标内部生了很多虫子，在抱团蠕动，不但认为不能吃了，而且还会感到恶心和厌恶，这是知觉发挥了作用，产生的这个知性欲望，同时也属于心理欲望。

我们再看一看知性欲望的另一种结构形式：匮欠→知觉→目标。比如，某人感到身体虚弱，决定去医院看病，查明原因，尽快恢复健康状态，这是知性欲望使然。化验单结果出来后一看，上面写着疑似骨髓空洞症，他对这种疾病一无所知，一脸茫然，医生告诉他这种疾病很少见，严重时会危及生命，治疗费用极高，治愈率很低。他听了，心里极度震惊和恐惧，不由得表现出慌乱无助的神情，这同样是知性欲望使然。但这时的知性欲望却又连带推出了一种心理反应，一种遗憾、无助、倒霉、恐惧、担忧的心理匮欠，从而产生了期待自我解救的心理欲望。

在知觉认知层次以上，包括情觉、理觉、悟觉、灵觉等其他觉性认知层次所产生的欲望，都具有针对特定知性目标的心理感受性，因此也都界定为心理欲望的范畴。比如，甲、乙二人因为互助关系而加深了彼此的认知和增进了彼此的表达，产生了一定的情感，心理感受很好，一直维持友好交往的关系。但后来因为面对同一个女人而发生了竞争关系，导致彼此或某一方的情觉开始朝向负面演变。这就使双方或某一方的心理感受发生了失衡，失衡的双方或某一方就会在情觉匮欠的夹缝中产生心理欲望，并在这种心理欲望的驱动下造成彼此争风吃醋，最后甚至大打出手，双方友好的情感关系发生破裂，以至难以弥合。

由此可见，心理欲望至少是由知觉以上认识层次产生的欲望形式。

当人的认识发展到知觉层次以上的阶段，纯粹物性的东西开始渐次淡出，并与主体自我意识相脱离，事关自我与其他欲权人或欲望人关系或联系的内容开始成为自我意识的核心内容。这时的心理活动不再为了占有某个事物，而在于占有某个事物的方式、方法或手段，以及与他人占有某个事物的方式、方法或手段而进行的比较。在进行比较的两点之间或多点之间构成一种在观念上不平衡的落差性冲击，或者将以前和现在所使用的方式、方法或手段进行比较后而在观念上产生的差异性冲击，从而形成一种事关关系好坏、优劣、高下、强弱、胜败、善恶、褒贬的比较性欲望形式，这些欲望形式都属于心理欲望。

三、自然欲望、社会欲望与综合欲望

欲望是人类质能结构发生转化的产物，是人性的本质和基础，也是构建自我人格、确立基本人权的核心支柱。它构成了人类行为最内在与最基本的根据与必要条件，是人类与生俱来的本质属性。人既是自然人，也是社会人，既有自然属性，也有社会属性。所以，人类的欲望总体上可以分为自然欲望、社会欲望、综合欲望三大属类。

1. 自然欲望

因为人是动物，当然具有求生存、求舒适的基本欲望，所以孟子说："人之异于禽兽者几希。"[1]但人毕竟不是禽兽，而是高等动物，是"万物之灵长"，比起禽兽的欲望当然要高级得多。也就是说，人类不仅能接受信息，感受信息，而且还能因授受信息而感动、激动、冲动，并理智地加以节制或处置。尽管如此，人类的自然欲望仍然属于低级欲望和基本欲望。从上文所阐述的六欲上看，自然欲望包括：眼欲，耳欲，口欲，鼻欲，性欲，身欲和意欲。即眼看东西，耳听声音，口尝味道，鼻闻香臭，性欲释放，身触感觉，意想问题。意欲为中心。自然欲望是一种事关自我肉体生理和自然界的物质性关系，在总体上可以分为如下两大类：

（1）生存欲。个体自我为了保障生理机能的正常运转而产生的对于物质世界各种能量的生理性需求。如食欲、饮欲、呼吸欲、便欲、物欲、生命欲、长生欲等等，都属于生存欲的范畴。

（2）舒适欲。个体自我为了保障感觉舒适而产生的对于内外环境各种事物功能及特征的生理性需求。如温暖欲、滑软欲、视美欲、听乐欲、闻香欲、娱乐欲等等。这里我们把性欲也放在舒适欲范畴之中，主要考虑到性欲首先是为了获得性释放的舒适性快感而发，并非在理性层面上纯粹为了繁殖和生育而作。

（3）自由欲。个体自我为了保障肢体运动功能和大脑运动功能的正常运转而产生的不受约束和限制的欲望。如活动欲、旅行欲、表达欲等等。

2. 社会欲望

社会欲望是人出生后在与社会的逐渐接触和不断融合中产生的人际

---

1 《孟子·离娄下》。

性欲望，是人类自然欲望在社会层面上的延伸和升华。从六欲角度上看，社会欲望可包括：名、利、富、贵、显、尊、威。名为知名，利为利益，富为富有，贵为高贵，显为显赫，尊为尊重，威为威严，以名利为中心。与自然欲望不同，社会欲望是从人与人之间的关系中演绎出来的欲望，属于人类生长发育到一定成熟阶段的产物。

（1）自尊欲。自尊欲是个体自我在社会上获得尊重的欲望，是自己重视自己存在感的欲望体现。自尊欲最早出自于自我处身社会而产生的与人和谐相处的彼此认同感，但发展到极致时便会产生自己认为自己应该比别人更强、更好、更优秀、更出类拔萃的欲望。自尊欲产生高贵欲、自私欲、自爱欲、自持欲、自律欲、自慰欲、自主欲等。

（2）成就欲。人人皆有成就自己的欲望，皆有实现自己价值理想的欲望。人的成就欲也称成就动机，指一个人去从事、去完成自己认为很重要或很有价值的事情或工作，想达到出类拔萃并借以获得社会认可的一种内在推动力量。成就欲一般源自于人的自尊心和价值感。如果让他们认为在某方面有所成就便会很受重视，很受欢迎，很受推崇，很有价值，他们就会致力于此，执着于此，并在这方面培养自己的实力和能力。成就欲通常指向某种目标，并成为针对这一目标的内在驱动力。这一目标可以是物质的，比如说工资、奖金、福利；也可以是精神的，比如说荣誉、口碑、权力、地位、身份。

作为管理者，一般都会为下属设定代表其成就的目标，用某一个或几个目标来牵动、拉动和激励下属努力工作并接受管理，不断使他们产生激情、能量和动力。比如事业心、进取心、雄心、野心、表现欲、兜售欲、自我实现欲、出人头地欲、成名成家欲等等，都属于成就欲的范畴。其中价值欲也是成就欲的一种表现形式。人人都不想平庸，都希望自己成为一个对他人有用的人、有价值的人。如果一个人对他人、对社会、对国家、对人类一无所用，那么其社会价值便等于零，这样的人在社会上没有人向他求助，没有人愿意与他联系和交往，因此也没有社会地位，没有被尊重的价值（所谓尊重感，其实质就是自我价值感的体现）。价值欲、成就欲同时也是自我实现欲的另一种表现形式。

（3）交往欲。人是社会群体性动物，必然具有社会属性。人的生存离不开其他人的扶助、支持、成全与配合，离不开与其他人建立各种各样有益于自我的合作关系，这就必然促使自我产生与他人交往的欲望。包括交流欲、相处欲、同情欲等等。

3. 综合欲望

欲望的分类遇到的最大困难便是欲望与欲望之间常常出现交集性矛盾，使得划分标准无法统一。其原因在于人类自我所置身的环境关系存在着纷繁的复杂性、交叠性、穿插性和机变性上。人在各种自然环境和社会环境中的存在始终处于对立与统一的立体空间性矛盾关系中，并成为环境的一部分，与环境融为一体，息息相通，不可割裂，永远不可完全独立出来，这就导致人类的很多欲望都具有不同的交合与错动，很难划分出明确的边界。

所以，欲望与欲望之间的界限常常存在着一定的模糊性。不同欲望属类只能表明欲望的侧重点或观察问题出发点的不同。我们将这种交叠性欲望归纳为综合欲望。

（1）控制欲。个体自我为了保障自身具有“万物皆备于我”的中心地位而产生的对于客观世界一切事物进行有效控制的欲望。包括权力欲、占有欲、官欲、贪欲、霸欲、侵占欲、掠夺欲、征伐欲等等。控制欲是人类自然欲望和社会欲望的综合反映，在自然欲望中属于人类原始的本能之一；在社会欲望中，是在经历社会斗争过程中产生的权力欲和支配欲。

社会上每一个人或多或少都会想要控制住一些事物或其他一些人，这就是控制欲。只有控制一切，才能支配一切，驾驭一切，占有一切，享受一切。控制欲源自于自我对于自身生存或发展的能力匮欠以及由此造成的内心不安和内心恐惧，希望通过控制其他人或事物来实现自身的完好、安全、稳定和发展，以便达到一切为我所用的目的，并使自己不受到危害。

世界上人人几乎都想当领导，当管理者，而不愿意当被领导者和被管理者，这是控制欲的一种表现。很多人官欲极强，权力欲极大，其实都是控制欲在作怪。管理者利用人人皆有的控制欲，可以设定职务提升通道，激励下属按照有益于工作和事业的晋级方式向上攀升，从而达到对下属进行有效管理的目的。一定的职位代表了一定的权力，代表了一定的控制力，这就是说，一定的职位即是一定的目标，下属晋升管理也是目标管理的一部分，当然也是欲望管理的一部分。

所以作为社会管理者和企业管理者，不但要研究好人类的自然欲望需求，也要研究好人类的社会欲望需求。正是从这两种欲望的满足条件和方式上实现有效的调节与制衡，并藉此完善管理功能和管理手段，推动社会或组织健康有序的向前发展。

（2）安全欲。个体自我为了保障自身生命和财产安全而产生的欲望。如自我保护欲、躲避危险欲、财产欲、健康欲等等。安全欲分为自然安全欲和社会安全欲。自然安全欲指的是免受来自自然界的危险、危害或威胁的欲望。如火山爆发、地震、海啸、飓风、毒蛇猛兽的袭击等自然界各种灾害造成的危害，使得人们在生命财产安全方面产生了安全欲。社会安全欲主要针对于来自于社会层面的危害、危险，如侵略掠夺、杀人放火、打砸抢等危害。

（3）占有欲。个体自我为了保障生理需求和精神需求获得最大化满足而产生的对于物质资源、社会资源和精神资源占为已有的欲望。占有欲既包括对自然资源的占有欲，也包括对社会资源的占有欲。占有自然界中用以满足生存、生理和安全等物质性资源的欲望属于自然资源占有欲。

如对土地的占有，对山林树木的占有，对农作物的占有，对房产的占有；占有社会中用以提升自我价值和存在感的诸如荣誉、地位、身份、权力、情爱等精神性资源的欲望属于社会资源占有欲。

（4）求知欲。个体自我为了解决各种疑虑而产生的对于各类信息的感知性需求即知性欲望。它是人类个体认识自然、认识社会、认识自我的释疑性欲望，也是人类个体获取知识的求索性欲望。人有五官，不但以受动形式感知着世界，也以能动形式认识着世界。眼辨色，耳辨音，鼻识香臭，触知软硬，味觉酸甜苦辣。由五官感觉而上升到知性认识，直至辨别出真伪优劣美丑善恶，认知哪些是符合道德、法律和科学精神的——这就是善的、对的、美的、好的、优的、正的、真的，而哪些是不符合道德、法律和科学精神的——这就是恶的、错的、坏的、劣的、歪的、假的——于是，在以某种标准进行辨识的过程中，便形成了自己的世界观和方法论。

具有科学献身精神的人，追求真理的人，其认知欲一般都表现得更强烈，更持久。人类的聪明才智和文明进步也大都是在这种欲望的推动和激励之下实现的。没有这样的一种欲望之火，人类的智慧之灯也就不可能照亮自己的人生之旅。求知欲产生交流欲、创作欲、探索欲、求证欲、问询欲等等。

（5）归属欲。人人皆有地缘、人缘和心缘关系，因此也都有对地缘、人缘或心缘的归属欲。我从哪里来，要到哪里去，我的心灵在哪里，我的感情在哪里，我的寄托在哪里，我的信念在哪里，这是每个人都想知道的问题。我属于谁，谁属于我，前者是我的根在哪里，即我隶属于谁的问题，后者是我是谁的根，谁隶属于我的问题。归属欲源自于人的安全感、稳定感和皈依感，比如很多人都有“落叶归根”的想法或愿望，这就是归属欲的一种表现。

归属感是自我自觉对生我养我的地域或群体反向观照和回归的欲望，有时也表现为被别人或被群体认可与接纳时的一种心理感受，人们从这种感受中可以获得有根有叶有宗有属的安全感，被承认感，被认同感，被接受感，被融入感，这就使人产生了归属欲望。归属欲是安全欲的另一种表现形式。

心理学研究表明，每个人都害怕孤独和寂寞，希望自己归属于某一个或多个群体，如有家庭，有工作单位，希望加入某个协会、某个团体。这样可以从中得到温暖，获得帮助和爱，从而消除或减少孤独和寂寞感，获得安全感。

在群体内，成员可以与别人保持联系，获得友情与支持，成员间在发生相互作用时，其行为表现是协调的。同一个群体的成员在一致对外时，不会发生矛盾和摩擦，彼此都体会到大家都同属于一个群体，特别是当群体受到攻击或群体取得荣誉的时候，群体成员会表现得更加团结。

自古以来人们都希望能拥有一套让自己“居有定所”的房子，杜甫有“安得广厦千万间，大庇天下寒士俱欢颜”的诗句，也是强调了房子对民生的重要性，这个房子问题不仅事关安全问题，也在一定程度上事关归属感问题。在当今社会，可以说，有一个固定的住所和稳定的工作成为一般人拥有归属感的两个基本条件。

有归属感的一般就是有责任感的，责任感到了一定的程度就会产生对某些东西的归属感。归属感分对人、对事、对家庭、对自然的归属感。青少年时期对人的归属感较强，中年时期对事业和家庭的归属感较强，老年时期对自然的归属感较强。

与归属欲相伴而生的还有信仰欲、宗教欲、亲情欲、爱情欲、友情欲、乡情欲、团队欲、集体欲、民族欲、爱国欲、求同欲等等。

四、物质欲望与精神欲望

人的肉身是由客观物质构成的，客观物质对于人的重要意义是无可替代的。这就使世界上的一切客观物质都可以成为人的欲望索取对象；又因为人的大脑具有神经反应性，凡是能够反应在大脑中的一切事物、关系都有可能成为人的欲望追求目标。前者具有物质实在性，后者具有精神虚在性。人类个体自我就是生活在这样一个虚与实互联互通、呼应互动的特殊的多维空间中。

从欲望的虚实属性上划分，人类欲望可以分为物质欲望和精神欲望两种。物质欲望是个体自我通过在生理机能方面产生的能量匮欠性反应而再度产生的与外在特定物质相关联的应答反应，是务实性欲望，也是自然欲望获得满足的对象。比如对物质金钱的占有欲或物欲；精神欲望是个体自我通过在心理机能方面产生的事理差异性反应而再度产生的与外在特定事件相关联的应答反应，是务虚性欲望，也是社会欲望获得满足的对象。比如荣誉欲、价值欲、尊重欲等等。

由于心理与精神之间存在着很大一部分交叠，所以很多人经常将这两个词混用。比如说心理感受也可以被说成是精神感受，心理创伤也可以被说成是精神创伤，“我一点心理准备也没有”可以被说成“我一点精神准备也没有”。但在有些场合或者语境中却是不能混用的。比如“人是要有点精神的”“精神不是万能的，没有精神是万万不能的”等等，就不能与心理一词互换。

这就意味着心理与精神两个概念之间存在着一些显而易见的区别。这主要体现在心理一词的外延比精神一词的外延更大。心理活动覆盖了人类一切感知活动、意识活动、认识活动、情感活动、思想活动和精神活动，从人类智能活动的发端一直到意识活动的极致，都属于心理范畴，亦即从感觉出发，到注意、记忆、知觉、表象、情觉、联想、想象、思维、理觉、悟觉、灵觉等各个智能环节或意识活动环节都是心理活动过程。

而精神的形成要比心理的形成晚得多，其间在智能活动的早期是没有精神因素存在的，或者极少有精神因素存在，特别是感觉、注意、记忆之前的认识阶段，我们称之为前心理阶段。在此阶段中，主体的智能主要局限于物质性层面，对于物质性的“他者”的形状、大小、颜色、动静、味道、温度、软硬、功用等内容进行感知的阶段，而没有或很少触及到和感悟到事物之间的关系或联系的层面，更没有深入到理性或慧性的层面上来。所以，其产生的心理活动基本局限在物性的浅层次上，这期间的意识活动也是泛意识层次。

待到发展到了情觉、联想、想象、思维、理觉、悟觉、灵觉的认识阶段，我们称之为后心理阶段。在此阶段中，关于自我与事物之间、事物与事物之间、我与人、人与我之间等各方面的关系或联系成为心理活动的核心内容，这期间的意识活动也已经进入了准意识层次。我们通常所说的心理一词，实际上更多地指向后心理阶段，所谓“意识形态”或“思想意识”通常指向的即是准意识层次的内容。

所以，我认为，只有在后心理阶段，亦即自我对自己与他者关系产生了较为完整的认识之后，精神活动才有条件形成并展开。我们知道心理欲望是从外部感觉的知觉层次上发动起来的，而精神欲望则比这个认知层面更高一级，其起点则在知觉层次上萌发的，在情觉层次上展开的，在理觉层次上确立的，在悟觉层次上反观的，在灵觉层次上升华的。但在一般情景下，我们通常所产生的精神的内容，都是与心情、情绪密切关联的，心情或情绪好，精神面貌就会喜气洋洋，否则精神面貌就会萎靡不振。当然，更高一些的精神面貌，则是在获得了理性认知支持之后的精神自信，获得了慧性认知辐射之后的精神自省，获得了灵性认知超越之后的精神升华。

如果再往前推进一点说，精神活动是从联想功能较为完好地发挥作用的时候开始发轫的。这一点，与我们在上文所说的精神欲望展开于情觉层次，在本质上也没有什么冲突。因为情觉本身就是联系的产物，没有联系就不能产生情觉。没有联系就不会产生自我与他人或事物与事物之间的比较，就不会产生好与不好的体验与评价。

只有在具备较为丰富的知觉资料基础上，头脑中具备了足够多的表象时，人脑才能借助这些表象之间的联系而完成联想活动以及在联系基础上而产生的情感活动，这样就在情觉层次上实现了连贯而有效的精神活动。所以，精神一词在其所覆盖的范围上不如心理一词所覆盖的范围更大，其含义也自然要比心理一词狭窄得多。

在各种事物关系的比较中产生的心理欲望不管能否得到满足，主体都会反过身来针对这种心理欲望而随之产生一种自我反思、自我觉悟、自我平复、自我安慰、自我调整和自我激励的觉悟性或觉醒性意识活动，这个觉悟性或觉醒性意识活动已然上升到精神层面上来了，而且它完全是为了满足心理欲望而产生的意志性倾向，这就是精神欲望。中国有“不平则鸣”的训诲，其中“不平”表达的是通过比较而产生的心理欲望，而“则鸣”所表达的是因为“不平”而产生的精神欲望。所以，精神欲望是心理欲望的伴生品，是心理欲望在寻求满足过程中而产生的自我调节的意志倾向，是心理欲望所推动出来的更高级的欲望形式。

社会形态架构就在于人对物质与精神这两个层次上的欲望的求索上。对物质欲望或精神欲望的不同态度和偏好，必然导致社会文化形态和意识形态产生与其追逐目标方向相一致的差异。假如把物质欲望的大纛举得过高，反映在人们的社会行为上必然是不择手段的竞争、抢夺、劫掠、征服；假如把精神欲望的口号喊得够响，反映在人们的社会行为上必然是和谐友善的谦让、宽容、合作、共赢。偏重前者很容易造成社会关系的对立和混乱，体现在人与人之间就是激化矛盾，体现在国与国之间必然是战争征伐。

要知道，社会意识决定社会存在，并影响人的行为，而社会物质财富是由人来创造的，只有摆正精神欲望的地位和方向，才能保证社会行为和谐有序地进行，才能引导人们在社会中相互宽容、谦让、合作、共赢。这是治理社会不可或缺的施政手段和管理方法。

物质欲望可以激发人们出智出力、竭尽所能地创造物质财富，精神欲望则可以启发和引导人们形成适合社会发展的道德观念、法律观念和文化观念，并为此制定标准、创建规则、规范秩序、营造和谐、奠基稳定。因为人们的一切行为都受到欲望的驱动，受到意识的控制，精神世界和欲望世界的和谐与稳定必然带来物质世界或行为世界的和谐与稳定。

在中国有“仁义礼智信，温良恭俭让，慈孝忠廉恕”的道德，在西方则有“个性自由，平等博爱，科学民主”的信奉，这些精粹的观念都是在社会发展过程中以及人与人之间的关系构建中提炼出来的道德准则。而法律观念则是社会发展到一定阶段的产物，是在道德观念的基础上而制定和推行的硬性规则，是限定人们非常行为的强制措施，因而也是人类精神欲望的客观反映。

社会管理者必须了解欲望的边际效应，对越界的欲望要划定合适的边界加以制衡，这就需要创建一整套完备的科学的监督机制和管理机制。

同时也要鼓励精神欲望，倡导积极健康的文化道德，既不能让精神欲望成为社会物质发展的桎梏，也不能鄙薄精神欲望的实际效用。一切精神欲望都要建立在物质欲望基础之上，一切物质欲望都要以精神欲望为先导，为规范，为引领。

合理地满足人们的物质欲望和精神欲望与现代社会物质文明建设和精神文明建设的主导方向一脉相承，“两手都要抓，两手都要硬”的原则体现的是对二者所给予足够重视的思想。对整个社会来说，物质欲望主要体现在社会的“经济基础”的建设上，精神欲望则主要体现在社会的“上层建筑”的建设上。中国改革开放之后所阐明的“满足人民群众不断增长的物质和文化需要”的生产目的其实就是针对人类物质欲望和精神欲望的满足要求而设定的社会发展路线图。

对企业管理者而言也是如此，企业是创造物质财富的主流阵地，而企业制度和企业文化则是企业内部管理者和企业员工物质欲望和精神欲望整合与融通的产物。抛开欲望而建设的企业制度和企业文化无异于镜花水月，空中楼阁，是不现实的，也是根本行不通的。正是从这一意义上而言，欲望动力心理学也是社会管理学或企业管理学，是各级社会管理者和企业管理者的必修课。

五、刚性欲望与柔性欲望

从欲望之于人类生理感官功能的必要性和充分性上划分，人类的欲望可以分为刚性欲望和柔性欲望两类。

刚性欲望是指人类为了维持自身生存所必须给予满足的物质性欲望，如对日常生活用品的消费性需求欲望，包括对住房、食品、药品、日用品等特定事物的需求欲望。

柔性欲望指的是人类并非必须的、可多可少的、可以满足也可以不予满足的需求性欲望，如对名誉、权力以及一些可有可无的奢侈品、娱乐品等事物的需求欲望。

刚性欲望一般具有不可或缺性，一旦出现匮乏，便具有急切性和紧迫性特点；柔性欲望一般具有可有可无性，即便出现匮乏，也不会影响最基本的生存状态。

从经济学角度讲，刚性欲望体现为一种刚性需求，柔性欲望体现为一种柔性需求，这两种需求方式对经济的拉动作用具有很大的差异。刚性欲望属于“雪中送炭”型的必要性欲望，未予满足就可能会产生激烈的行动和激化较大的社会矛盾关系；而柔性欲望属于“锦上添花”型的充分性欲望，不予满足也无关宏旨、无伤大雅，不至于产生激烈的行动和激化较大的社会矛盾关系。

但刚柔之间可以在一定程度上互补互动，刚性欲望也有时可以因为柔性欲望的充分满足而降温，柔性欲望也可以因为刚性欲望的充分满足而淡化。比如某个人正为无法获得合适的住房而心生抱怨之时，却因为职位获得提升而减少了抱怨或干脆转怨为喜。再比如某人在一次交易中交了好运，一下子赚了大钱，对于日后能否提职的事也不再耿耿于怀。这些都是刚柔并济和刚柔互动互补的结果。

社会管理者和企业管理者充分了解和把握刚性欲望和柔性欲望的本质，可以更好地规划管理方案，抓住管理要点，理顺管理思路，制定管理套路，有意识、有目的地提高对刚性欲望的重视程度，有效提高对刚性欲望的平衡能力，不断提高对社会利益或企业利益的平衡水平。同时也要看到柔性欲望的辅助作用，做到刚柔相济、软硬结合、阴阳互滋，并利用刚性管理和柔性管理在社会上或在企业中建构一种欲望与理想、欲望与文化、欲望与道德、欲望与制度等和谐共融、互激共进的秩序和局面。

六、渐进式欲望与渐衰式欲望

从事物的消长规律上划分，欲望可以分为渐进式欲望和渐衰式欲望。

渐进式欲望，指的是人类随着内在生理、心理或外在环境的变化而逐渐提升和上涨的欲望。

渐衰式欲望，指的是人类随着内在生理、心理或外在环境的变化而逐渐降低和衰落的欲望。

如人的性欲望随着年龄的增长越来越强，以至年老或患病而又会逐渐降低或衰落；或者在某种环境中产生的某一欲望，待环境发生某种改变而使原来的欲望更强了或变淡了，甚至衰亡了，或者转移了。

如有人在农村时希望能够建有一套体面的平房，后来看到其他人都建起了楼房，这时他的欲望也相应地做出了调整和提高，决定也要建一栋楼房。再如有人经商赚了很多钱，欲望提高了，打算购买豪宅名车，后来赶上经济危机，经商亏损严重，经营资金周转不灵，遂取消了购买豪宅名车的想法，欲望也随之降低了。

随着人的经济地位、政治地位、文化水平、见识水平和环境水平的提高或降低，人的欲望也会随之发生上涨或衰落的变化，其中也不乏欲望的逆转、位移、更新和替换等方面的变化。正所谓“不登高山，不知天之高也；不临深溪，不知地之厚也”。一个人在主观方面的见识增长了，视野扩大了，境界提高了，其欲望也会发生变化，不但会变得越来越理性、越来越实际，而且也会变得越来越高远精粹，越来越超凡脱俗，这种现象可以称之为欲望的主观见识性演进。

一个人在客观方面的条件变化了，比如生理条件变了，客观现实变了，迫使这个人在欲望上也要发生相应的和适宜的改变，这种现象可以称之为欲望的客观条件性异变。

如某人身体健壮如牛，希望将来能成为运动健将，未想在一次车祸中失去了双腿，此人从此就不再指望做运动健将了，转而开始学习写作，寄希望于将来能够成为文学家，欲望被迫发生了改变，做出了与自身条件相当的调整。

再比如，一个商人生意兴隆，腰缠万贯，他拿出所有的钱买下一座岛，并在岛上建了豪华的别墅和美丽的农场，然后自己动手春种秋收，过上了衣食无忧的幸福生活，后来年老体衰，他希望聘用几个仆人帮他料理农场，为他提供服务，但不想一场地震和海啸使他一夜之间变成了穷光蛋，从早到晚饥肠辘辘，别的欲望从此不敢再有，每天都在为食物奔波，能够吃上一顿饱饭，一顿好饭，成了他最大的欲望。这就是外界客观条件变了，迫使他的欲望也不得不发生重大的改调整。客观生存条件的变化带来欲望的变化和主观思想境界的变化，并同时带来行为的变化。

作为社会管理者或企业管理者应该认真研究和把握人类欲望变化的客观规律，既要设法提高人们欲望的品质，调整人们欲望的指向，有目的地推动人们的欲望朝着有利于社会健康发展和企业健康发展的方向运行。想让人们的欲望在哪方面增强，或在哪方面减弱，就必须在哪方面做出调整，科学地引导人们的欲望走向，澄清人们的欲望杂质，从而达成欲望与条件、与环境、与管理、与领导目标和企业目标的良好对接与整合。并由此化为积极的行动，推进社会政治、经济、文化、道德、法律等各种关系的整体和谐和健康发展。

在人类智慧的头脑里，深深地潜藏着无数欲望的种子，这些五花八门的种子，在没有发芽之前，尚不会轻易给人们造成心理的倾斜和蛊惑，只有遇到适宜的环境，遇到适宜的条件，遇到适宜的土壤、肥料和阳光雨露，才会生根发芽并茁壮成长起来。环境改变人，客观事物改变人。环境变了，条件变了，认识也改变了，欲望也随之改变了。

一个人失业时，希望拥有一份工作，待到有了工作之后，欲望又会有新的变化，希望有个待遇高条件好的职位，或萌生了当官的欲望，不但希望不被他人控制，而且还希望能够控制其他人和其他物。生存欲上升到安全欲、占有欲，再上升为自尊欲，再上升到成就欲，再上升到控制欲，说明人的欲望在一种良好而稳定的客观环境中存在着不断上升的规律，上升的欲望有时会变成积极的驱动力，有时也会变成消极的破坏力。

欲望的种子埋在什么样的环境中，就会发什么样的芽孢，开什么样的花朵，以至于结出什么样的果子。这就说明欲望具有随着对新环境的见识的扩展而不断增生或衍生的特性，新的环境、新的条件可以促发人衍生出新的欲望，这种新生的欲望属于渐进式欲望。比如一个人平时只能吃普通食物，以实现温饱为满足，待到条件好了，发现有更好和更新的食物，就会把更好和更新的食物作为满足食欲的目标。

随着环境和条件的改变也会使一些欲望越变越淡，以至逐渐荒失、弥散、隐褪和湮灭，这种欲望属于渐衰式欲望。比如一个小伙在村子里看中了一位姑娘，认为其美丽无比，令人心仪，产生了娶她为妻的欲望。后来他来到大城市打工，天南地北的人汇聚于此，漂亮姑娘比比皆是，其中很多姑娘美若天仙，其容貌气质素养都远远胜过当初在村里看中的姑娘，于是他不再打算娶那位村姑为妻了，而是希望在城市里找到一位更好的姑娘。农村和城市的环境变了，人际交往的环境变了，之前的欲望淡然了，湮灭了，消失了，退隐了，新的欲望滋生了。再比如有位姑娘身材姣好，梦想将来成为舞蹈家，可是一次不幸的车祸，使她失去了双腿，这个条件的变化，使她的舞蹈家梦想破灭了。

环境和条件决定欲望的指向、大小和层次，一个人受经济条件所限，每天只能步行上下班，梦想能够买一辆自行车代步，月底发了工资以后，果然买来了一辆自行车。他骑着自行车上下班，感觉蛮好，得意洋洋。即便看到别人有小汽车，倒也不以为然。待到经济条件好转了，他就希望能够买一辆普通小轿车，有了小轿车之后，他当然倍感幸福，觉得欲望已经满足了。可是后来此人开办了一家公司并且非常成功，大赚其钱，这时他看着原来买的那辆普通小轿车已经不顺眼了，萌生了购买豪华小轿车的欲望，于是他又一次得到了欲望的满足。但是在他当年只靠步行上下班的时候，他是没有购买豪华小轿车的欲望的，这个姗姗来迟的欲望是随着条件的改变而后滋生的，属于渐进式欲望。

在社会管理活动中，人们常发现欲望的渐进衍生很容易产生贪欲或过分的需求，得陇望蜀、得寸进尺是常见的欲望表现。欲望的胃口通常的表现是越来越大。“人心不足蛇吞象”，欲望之火具有越烧越旺的特点。看来，环境也罢，条件也罢，都是改变欲望和衍生欲望的诱因和基础。作为管理者，可以遵照欲望的渐进式或渐衰式理论，根据环境和条件的不同，给被管理者设定恰如其时和恰如其分的激励目标，制定拾阶而上的阶梯型激励措施，并指导他们把一些低级的欲望、过分的欲望或不合时宜的欲望理性地抛却掉，让他们的目标在合理的正向逻辑上向前发展，而不是让欲望吞噬了自己，吞噬了组织，这样的欲望管理才是有益和有效的管理。

七、准现实欲望与超现实欲望

从欲望的现实性需求上划分，人类的欲望可以分为准现实欲望和超现实欲望。准现实欲望就是指人们基于自身现实的条件和能力而被激发出来并有可能得以实现的欲望；超现实欲望是指超出了自身条件和能力而不可能得到实现的欲望。

准现实欲望体现的既是一种客观存在的真实需求，也是一种在自身能力和条件可控范围内有可能获得满足的欲望，如对某种更好的食物、住房、名誉等奋力追逐的欲望；超现实欲望体现的是一种在现实条件范围内力不能逮或不可能实现的欲望。如古代传说中的叶公，非常喜欢龙，天天画龙，天天想要见到龙，后来龙真的来了，却把叶公吓跑了。可见叶公好龙是虚假的超现实欲望。

正如有人想与外星人接触，但在现有条件下是无法实现的。也有的人在看到美女图片时，可能会产生与之交合的欲望，这种欲望就是超现实欲望。有些性心理不健康的男人“爱屋及乌”，专门盗取和收藏女人的胸罩内裤之类的衣物，实际上是偏离正常性心理而产生的虚假的超现实欲望使然。还有的人崇慕唐明皇李隆基“后宫佳丽三千人”，但如果他真有“三千佳丽”的时候，却又打理不过来了，不但受自己的财富所限，养不起这么多人，而且受自己的生理能力所限，也应对不起这么多美女的性需求，其间明显存在着超现实主义的空想。

针对某些物质欲望而言也是如此，有的人饿了几天，体能消耗很大，这时带他到饭店点菜，因为饥肠辘辘，他要了满满一桌子食物，但“鹪鹩巢于深林，不过一枝；鼹鼠饮河，不过满腹”，吃饱了再看满桌子食物，显然是要多了，浪费了。而这些多要出来的饭菜也不啻为超现实欲望使然，即超越了自身生理条件。也有人本来经济条件很差，连解决自己的温饱都很困难的时候，却对有钱人的名车豪宅垂涎欲滴。这在既有条件下显然是无法得以实现的超现实欲望。或许此人后来经济条件蔚然改观而有幸实现了这一梦想。

但不管是出于当初有钱人的激励，还是出于后期个人的努力，都不足以说明他当时的欲望是现实的或合理的。就是说，过低的条件不能滋生过高的欲望，否则便会带有一定的虚假性和超现实性。

当然，超现实欲望和准现实欲望在一定条件下是可以相互转化的，当时是超现实欲望，后来待到条件好转了，变化了，也可能转变成准现实欲望。区分准现实欲望和超现实欲望的目的是让人们把握自我欲望的基础，澄清自我欲望的杂质，匡正自我欲望的走向，去除自我欲望的空想或妄想成分，让自己变得更现实、更务实、更踏实，更真实。当然，超现实欲望也有积极的一面，可以激励人们改变现状、改变条件，树立远大的理想，不断进行新的探索和创新，从而推动社会的科学发展和快速进步。

作为社会管理者或企业管理者，也可以藉此调整欲望的目标，力求让所有的目标都能成为“让人们跳一跳便能摘得到的桃子”。目标定的太高了，太离谱了，就会变成超现实目标，人们即便在当时产生了与之相对应的准现实欲望，待到经过一段时间的实践之后，不但会产生上当和气馁的感觉，而且也会变得消极懈怠，失落抱怨，甚至产生抵触情绪而使整个组织的目标化为泡影。

中国1958年开始的三年大跃进运动，喊出了“三年超英，五年赶美”等在当时明显不切实际的口号，受社会环境的召唤和影响，许多人热血沸腾，披星戴月地工作，几年过后才发现是根本不符合中国实际的超现实欲望。所以，超现实欲望有时具有一定的欺骗性，这种超现实目标不管是来自组织，还是来自个人，都会产生负面的影响。但据说当年“亩产千斤粮”的激进目标虽然在当时属于超现实欲望，但时隔数十年，到了世界杂交水稻之父袁隆平时代却变成了准现实欲望。所以，欲望的超现实有时也不完全是坏事，超现实中也可能深深蕴藉着人们的理想和愿望。正是在这种理想和愿望的激励和推动之下，社会才不断地朝着更高更远的美好目标前进。

当然，超现实欲望还有自欺欺人的特点。有的人心血来潮，给自己订立了这计划、那计划，个个都美丽动听，令人向往，可到头来不管是因为个人体力智力毅力原因，还是因为客观环境原因，最终一个也不能实现或实现了很少的一部分，这其中未能兑现的欲望大多都是超现实欲望。正所谓“有志者立长志，无志者常立志”。意思是说，有的人“立长志”树立了远大的理想，并能够努力践志，不屈不挠地去实现它；有的人“常立志”，经常变来变去，不能持之以恒地践行一个目标。如有的年轻人立志要考取世界一流大学，订立了很好的学习计划，可是却禁不住别人的撺掇，时间不长又梦想去做生意赚大钱，改做生意不到半年，转而又想去谋一份公务员职业，这样变来变去，以致一事无成。所以要想把某些超现实欲望变成准现实欲望就必须付诸实实在在的毅力和行动，身体力行，不乱方寸，坚持不懈，执着前进，而不是朝秦暮楚，变来变去，或纸上谈兵、兀自空想。

美籍德裔哲学家马尔库塞早就提出过“虚假欲望”的概念，但与本书中的“超现实欲望”概念殊有不同。马尔库塞是针对商品经济“促进消费”的社会机制而创立的欲望概念。他的所谓“虚假欲望”是指人并非出自本心与喜好而仅仅是因为时尚与风气的强迫而不得不产生的消费欲望，以至人们不得不为这种并不能带来真正满足与快乐的消费欲望拼命工作直至耗尽生命。当今社会人们所面临的生活，正是以消费优先之幻象所建构起来的景观作为基础的生活。这就意味着现实社会图景是由少数人（资本家、商人和广告制作者）制造出来，由大多数人观看的迷人的过程。人们在观看铺天盖地而来的广告和琳琅满目的高档商店中产生了幻境般的惊诧和痴迷，其结果就是使现实欲望和虚假的超现实欲望发生了错位甚至颠倒，并由此产生了异化性的消费。

被景观控制和迷惑的人们大都发疯似地追逐这种异化消费。人们为这些具有华丽的外表并显出物质生活已达到无限丰裕的景象所诱骗、迷惑，以至无法看透这景象背后赤裸裸的抽象的金钱逻辑的制衡和精神世界的空虚。当人们满足于这些“实实在在”的专门用来消费的商品时，可悲的是他们只是生活在自己的美好的想象中。人们关于人性本质和社会本质的现实欲望却被这种痴迷于商品消费的虚假的超现实欲望消解了。景观创造了一种伪真实，通过文化建设和大众传媒构筑起一个弥漫于人的日常生活中的伪世界。因此，人类的现实欲望必须在日常生活中摧毁景观，揭开景观的异化本质，使人的欲望重新回到现实生活之中，最终以现实欲望提升生命与生活的品质。可见马尔库塞对他的虚假的超现实欲望是持有完全否定和批判态度的。

拉康在他的“需要—要求—欲望”的分层理论中还曾提出了伪欲望的概念，他认为人的欲望总是虚假的，其实从来都是他者的欲望。在拉康看来，欲望不是希望或愿望，愿望是有意识追寻的东西，而欲望则是无意识发生的。这一点他认为很像饥饿，饥饿是主体在无意识状态下发生的事件，是作为机体内部他者的欲望存在，最后不过是经由神经传导给自我来打理它罢了。拉康将真实的对象性需要限定在娘胎中的孩子与母亲的自然连接，随着孩子的出生，真实的对象性需要便不复存在，在世中的孩子与母亲的要求关系一开始就具有了欺骗的意味。于是，真实对象对于人来说，从本体论上就是一种不可能性。

拉康认为人的欲望是源自于他人的欲望，“他对他人的欲望的对象发出欲望来”意味着我的欲望总是他者欲望的欲望。他对欲望的形成解释说：“在要求和需求的边缘中欲望开始形成，这个边缘地带是要求以需要会带来的那种没有普遍满足缺陷的形式开辟的。”看来拉康的欲望总是在要求之外发生，他认为“欲望在要求的层面上取代了消失的东西”“欲望是人对无法被要求表达的那部分需要的体验”“欲望形成于一页的空白处”。

对此，福原泰平曾给出过一段精彩的评述，他说：“在拉康那里，欲望就是主体在其存在阉割方面听到了‘决定性的某种东西失去了’的声音，为了取回缺失物而转向那里的不尽内驱力量，所以，欲望是与主体的不幸命运‘背对背地确立的东西’。”拉康的欲望的对象作为缺失者不在现实世界中在场，也正因为不在场，才被主体所渴望。

他说：“人的欲望是在他者的欲望里得到其意义，这不是因为他者控制着他想要的东西，而是因为它的首要目的是让他者承认他。”其实承认的本质就是自我认同。“这个欲望是将个人塑造于一个意外的深度，这个欲望就是想要使自己的欲望被承认的欲望。在这个欲望中完全证实了人的欲望是在他者的欲望中异化的。”拉康的欲望不啻一种抽象晦涩的哲学命题，令人困惑难解。他的欲望说既不是一种准现实欲望，也不是一种超现实欲望，而仅仅是一种欲望的理性描述。在此聊备一格，以便让读者从不同的视角更好地理解超现实欲望的内涵。

八、急性欲望与缓性欲望

按照欲望满足的轻重缓急可将欲望分为急性欲望和缓性欲望。

急性欲望是需要亟待给予解决和满足的欲望。

缓性欲望是可以缓期解决或暂缓给予满足的欲望。

急与缓是相对于时间而言的。有的欲望要求必须尽快给予满足或给予一定程度的满足，具有急切性和紧迫性的特点，这就是急性欲望。如灾难令很多人的生命财产受到威胁，国家政府和社会管理者必须马上采取行动，不可疏忽，不可怠慢，及时赶赴现场，尽最大努力满足受灾者的生存欲望和安全欲望要求。

所谓“人命关天，十万火急”说的就是应对和处理急性欲望时的大原则。大家知道，包括中国在内的世界各地发生的安全事故、突发事件中都会有许多受灾受害的民众。在生存欲望和财产安全欲望受到严重威胁的紧急时刻，考验的就是领导者和管理者的救灾能力和处理突发事件的能力。这种能力的最终体现就是能否果断、及时、有效地满足受灾人员和受威胁人员的基本生存欲望和安全欲望。如果对这些急性欲望不予及时给予满足或满足措施不当而损害满足效果，都可能引发社会舆论的不满，甚至引发社会矛盾，激起社会民众的心里动荡和不安。

缓性欲望一般要求不很紧迫，不很急切，可以暂缓满足、滞后满足，甚至在条件不成熟的情况下不予满足也都不至于引发过激的社会矛盾对立反应。

如某人在某一职位上工作了数年，一段时间后发现有另一更高的职位出现空缺，便产生了谋求升职的想法，在向领导暗示后，领导鉴于各种因素和条件，可能考虑满足他的欲望，也可能考虑不满足他的欲望，或暂缓满足他的欲望。因为他这种欲望的特点，完全可以列为缓性欲望，即便不予满足，也不至于使矛盾过分激化。因为毕竟此人现有的职位利益已经比社会一般人好多了，无关于其基本生存欲望。所以，即便不答应他的要求，也不会对其本人构成生存威胁。

当然，有些欲望究竟是急是缓，完全是由当时所处的环境使然。二者之间有时可以相互转换，正像哲学上主要矛盾和次要矛盾的关系一样，对于某个人来说，哪种欲望需要急切解决，唯有自己最清楚，除非他自己稀里糊涂，缺乏自知之明。如果把自己的主要精力都用在了缓性欲望的满足上，而使自己应该亟待解决的急性欲望被忽视了，被耽误了，甚至永远错过了时机，那只能怪自己不够智慧和理性，其实这样的人在社会上可能也绝不在少数。

对于一个组织而言，哪些属于急性欲望或亟待达成的目标？哪些人的哪些欲望是属于急性欲望？作为领导者或管理者应该做到心中有数才行。因为对组织的管理也是对人的管理，而对人的管理其实就是对人的欲望的管理。

九、有条件可满足欲望与无条件可满足欲望

从满足欲望的条件上划分，欲望可分为有条件可满足欲望和无条件可满足欲望。

有条件可满足欲望是指客观上具备提供满足条件且主观上要求正当

合理的欲望。

无条件可满足欲望是指客观上不具备提供满足条件或主观上要求不正当不合理的欲望。

欲望的满足从方向上看来自两个方面：一是体现在个体自我内部欲望力驱动的方向，这是作为欲望主体的个体自我必然呈现的行为方向，也是匮欠信号发出的方向或欲望寻求客体满足的方向；二是体现在作为外在填充物目标的吸引力拉动的方向，这是作为欲望客体的外在目标对于作为欲望主体的个体自我必然呈现的诱惑方向，也是目标信号发出的方向或欲望满足条件的供给方向。前者为“需”的方向，后者为“供”的方向，欲望主体与欲望客体的关系就是一种有条件的供需关系或供求关系。二者即存在矛盾对立，又存在辩证统一，是人类永远撇不清的欲望关系。

欲望的方向性自然决定了供需关系的方向性，欲望发出是一个方向，欲望回应则是一个方向，二者对接对冲，相反相成。欲望发出者是人，欲望回应者可以是自然界，包括阳光、土地、水、食物、矿藏等等，也可以是社会，包括他人、组织、政府或企业等等。由人发出的欲望有无数种，就像射出的无数的箭，能够射中目标的，即是可获得满足者，也是能够给予回应或回报者；射不中目标的，即是不可满足者，也是不能或无法做出回应者。作为回应者或供给者的自然、社会、组织或个人，有时具备回应与供给条件，有时不具备回应或供应条件。

当欲望主体的人将欲望之箭发射出去以后，具备回应或供给条件者可能会立马给予满足，也可能由于欲望之箭有所偏失，回应或供给者未给予满足或未给予充分满足。一方面，回应或供给者客观条件不具备或不完全具备，就当然不可能会给予满足或不完全给予满足；另一方面，即便条件完全具备，能否给予欲望主体提供满足还取决于欲望主体本身所发出的欲望之箭是否方向精准或方式得当、是否偏离正轨或违反规则。即需方索取目标正当，索取方式正当，在供方条件具备的情况下，欲望满足的可能性就会大大增强，否则就会降低。当然，除了欲望主体作为欲望人一方的条件之外，还取决于欲权人的配合意愿、配合程度和力度上。所以，欲望满足的条件不限于单一方向和单一方面，而是主客体两个方向和两个方面呼应互动的结果。

针对某种欲望能否实现满足取决于主客双方或供求双方所具备的资质、条件和方式。如男女生理成熟产生了性欲，只有此慕彼追，此求彼应，双方才可能交合成欢，达到满足性欲要求的目的。再如某人想购买一套高档住房，自己钱财储备充裕，对开发商在售楼盘也相对满意，各项政策和规则保障足够，购买该套住房的条件已经成熟，已经具备，也就顺理成章随时可以付诸实施和兑现了。欲望能否满足要看现实条件，一方面要看自己作为欲望主体的条件，一方面也要看自然、社会或他者作为欲望客体或欲权人的条件，“癞蛤蟆想吃天鹅肉”“不会走却想跑”等等欲望要求都是不现实的欲望体现，都属于无条件可满足欲望。

对于社会管理者或企业管理者而言，应该对欲望的满足条件问题进行足够的理性思考。要知道，社会物质条件和经济条件好，政治条件有保障，管理机制运转正常，人们的欲望需求正当合理，满足欲望顺理成章，那么社会就能和谐有序地发展进步。因此，国家的责任、社会的责任和企业的责任，就是更多地创造条件，以便更好地满足人们对于各种物质欲望和精神欲望不断增长的客观需要，让欲望的主体和客体达到充分的洽和与互动，从而使社会供需矛盾关系在对立中实现和谐统一。

人的欲望是无止境的，也是动态的。一个欲望被满足了，另一个欲望便会油然而生、翩然而至。欲望的滋生是有条件的，有“土壤”的。不同的自然环境，不同的社会环境，不同的个人经历和见识，不同的心理特点和生理特点，不同的情趣爱好，都会使人产生不同指向的欲望和不同层次的欲望。每一种欲望的大小和该欲望的满足程度一般不会是完全等值等效的，欲望期待值是 2，但不一定真的能够得到 2，有可能只得到 1，−1，0，1.5，2，3……这就是说，欲望的满足程度很难直接等于某个预期的定数，有的欲望可能超额满足了，有的可能全部得到满足了，有的欲望可能部分得到满足了，有的欲望干脆无法给予满足，甚至所得到的与欲望指向正好相反，不但未予满足，反而造成了更大的匮欠，这些都属于正常现象。

比如在工薪阶层，某人要求涨工资，但这仅仅是一种良好的欲望，涨不涨或涨多少并不由他自己说了算，或许因为经济萧条，工资未涨反降也是有可能的。再如某位科员官欲极强，总想趁着年轻有为爬上高位，但其能否得到满足却不是定数：有可能升上去了，却没有升到自己非常满意的职位；也可能原地不动，升迁无望；也有可能一不小心得罪了上司而被降级使用，甚至卷铺盖走人。所以，人们对于某种欲望的满足程度不可期许太高，否则受到的心理打击也就越大。当然也不可不抱希望，否则便失去了上进的信心和动力。而且也应该学会辩证地看待欲望的满足问题，所谓人生不如意事常八九，某些欲望未得到满足或者部分满足，或者超额度满足，或者……都是人间正常事，不必为此过于挂怀和忧虑。

作为社会或者企业管理者，要善于利用欲望的满足程度差异理论，设定欲望的平衡指数，在什么情况下给予超额满足，在什么情况下给予全部满足，在什么情况下给予部分满足，等等，都必须考虑欲望的正向激励和负向激励作用。从而让人们既要保持上进的积极性，又要保持人生的幸福感，既要消减一些人不合理的超现实的欲望奢想，也要帮助人们建立合理的欲望期待和价值尺度，从而在团队中实现良性的合作与竞争循环。

萧伯纳说：人在生活中有两个悲剧，一个是你的欲望得不到满足，另一个则是你的欲望得到了满足。欲望不满足便痛苦，满足便无聊，便失去了上进的动力。

或许人的心灵亦如一个水杯，灌满后，就再也放不下了，所以只能灌七分满，这样留一点空余，还可以接纳更新的东西。其实，自古以来就有“知足常乐”之说，知足并非直接等同于满足，而是对于满足的一种辩证认识。所谓“花看半开，酒饮半醉”指的是事物得到一半或做到一半即是一种人生佳境。

其实，一个人来到这个世界上走一遭确实不容易，尽管有时感觉真的好累，但只要坚持走过去便会进入又一个春暖花开的季节。要知道生活不是用来过的，而是用来品的。

十、替代式满足欲望和等待式满足欲望

人们的心理通常是在欲望的满足过程中获得平衡的。只有心理平衡，才能构成情绪平衡、精神平衡、行为平衡和人格平衡。

所以，我们一再强调管理者对人的管理其实就是对欲望的管理。让人的心理实现平衡或者实现某种程度的平衡，是管理者追求的基本目标。

一流的管理者总是通过调动欲望指数和拉动欲望关系，来首先构建某种不平衡，让人们在不平衡中感受到压力和动力，并产生某种欲望，然后为了满足和实现这一欲望而不断努力，不断黾勉上进，从而达到欲望被满足的目的。正是在这一过程当中，人类个体才能做出对社会有益的贡献。

欲望的调动和拉动，既可以通过设定目标的方式进行，也可以通过社会或团队中既有的横向比较的差异来提醒、促动，还可以通过其他各种激励措施来诱发欲望，对于能够使心理平衡的欲望期待指数，可以是根据某一个人的纵向历史性差异来界定，也可以根据社会或团队中横向比较性差异来权衡，还可以根据社会同类情况的比较来定夺分寸和尺度。

首先有计划地制造不平衡，然后才能考虑如何满足和多大程度上满足个体欲望的问题，从而设定阶梯式管理规则，逐步地和有条件地满足个体欲望并使其据此成就自己和实现心理平衡。构建某种不平衡，是一种科学的设定，让人在不平衡的跷跷板上达到平衡也同样需要科学的设定，其间摇摆着欲望女神的舞蹈，也蕴藉着深刻的欲望管理的精义。

管理者给予被管理者的欲望满足既可以是直接的全部满足、半满足或不满足，也可以是间接的替代式满足或等待式满足。

所谓替代式满足欲望是指针对于某种欲望，鉴于各种原因，不能给予满足的情况下，可以移花接木，或偷梁换柱，用另一种目标或形式取而代之，只要对方同意或认可，即可以使对方达到欲望满足形式。比如甲入职后，住进独身宿舍，跟失业的妻子两地分居，多有不便，单位领

导承诺入职后待他的贡献达到预期后便分给他一套房子。可是待到其贡献达到了预期，单位却没有房子可分了，于是单位领导同意帮他的妻子安排工作，让他们夫妻俩在同一个单位上班，住进同一个宿舍里，甲感到这么办也比较令他满意，心里也很受用和平衡，也就答应并接受了这样的替换安排。

所谓等待式满足欲望是指某一欲望在某一约定时限或特定时间里不能给予满足，须要再等待一段时间才能给予满足的欲望形式。比如，在某大型国企领导为了留住某高科技人才，承诺在第二年年初将其职务提升一级，但鉴于第二年法定编制未出现空位，某高科技人才的升迁欲望很难得到满足，管理者考虑到此人的重要性，希望他再等一等，等到明年或者后年上位出现空缺时再把他提拔上来，这种欲望的满足条件建立在承诺基础上，但必须是一种可信的承诺，通过承诺可以在一定程度上满足其欲望要求。这样一来，此人虽未升迁，但其心理也获得了某种程度的平衡。

现代管理者经常利用这种替代式满足和等待式满足来处理欲望的不平衡问题。当然，替代式满足和等待式满足都不是直接意义上的欲望满足，有时这种满足可能会演绎为一种伎俩甚至欺骗，是不予满足、不能满足、无法满足、不想给予满足、拒绝给予满足、拖延满足、推卸满足的代名词。

十一、长期欲望、短期欲望与瞬时欲望

有一些欲望与生俱来，活跃终生，如生存欲、安全欲、占有欲等，也有一些欲望在心目中积蓄已久，持续的时间很长，有的持续十几年，甚至几十年，依然不退不衰不减不夭，这就是长期欲望。

比如某些人向上爬的官欲，可能在其整个职业生涯中一直持续存在，长久不衰，有些人想发财的欲望可能终其一生诱惑其不怠不倦地苦心经营，有些人的某种创造欲望一直支持其求索一生，等等。这些欲望均为长期欲望。

也有一些欲望持续时间较短，可能只有几个小时、几天、几个月或几年，如有些人受到当时社会时兴的某种热潮的影响，成为追赶时尚的人，当这个时尚风潮过后，也就不再热衷于此了，这种持续时间较短的欲望即是短期欲望。如有人某段时间希望拥有一套玩具，或一套上好的衣服，或者希望参加某种游戏活动、旅游活动都属于短期欲望。

另外也有一些欲望持续时间更短，有的属于临时兴起，瞬间动意，随感而发，这种欲望属于瞬时欲望。比如某人来到河边忽然产生了趟水或游泳的欲望，或某人走在一条幽静的路上忽然看到一个孤身美女走过来，遂心生歹意，实施了强奸，一些一念之差犯的错误或过失，基本上都属于瞬时欲望。这类欲望随着环境的变化或心情的变化而变化，环境变了，心情变了，也就淡兴了，漠然了，不再耿耿于怀、执着于此或为此孜孜以求，这样的欲望都是瞬时欲望。

管理者可以利用长期欲望激发人们树立长远的目标，树立雄心壮志，并为此坚持不懈，持之以恒地奋斗，从而抵达梦想，实现人生价值。管理者利用短期欲望可以调节人们的生活情趣，活跃生活气氛，调节工作节奏，增强管理的凝聚力。也可以为了临时完成某项任务，利用瞬时欲望最大限度地激发起人们高昂的激情，在极短的时间里实现一个特定的组织目标。

十二、潜欲望与显欲望

人类的欲望按照其表现方式可以分为潜欲望和显欲望。所谓潜欲望是指不愿公开、不能公开、不敢公开或不可告人的深藏不露的欲望。欲望不予公开的原因有很多，有的是因为条件不具备，不成熟，未到公开的时机；有的担心暴露目标而引起他人关注和担心遭遇破坏性中伤或陷害，不能公开；有的属于不合时宜、不合大众口味、甚至幼稚可笑，以至无颜公开；有的悖逆人心、违逆法律道德，不敢公开；有的事关隐私、事关阴谋、事关野心，不愿公开。这些都属于潜藏在内心不便外露的内在欲望或潜在欲望，也称为潜欲望。

所谓显欲望是指可以公开、敢于公开、愿意公开或不得不公开的欲望。比如食欲、安全欲、个人或组织可以带来积极意义的目标或向往等等，都属于显欲望范畴。显欲望也可称之为外在欲望。有些外在欲望是主观上自然流露或者有意表现的欲望，有些虽然不是刻意表现但其他人可以明确感受到的欲望。

当然，某些潜欲望虽然隐藏在某些人的内心深处，但观其言行，也可在一定程度上感知到其欲望倾向或指向。不过，有些人心机很重，城府颇深，其欲望压抑和隐藏的很深，一般人很难明其就里，这种潜欲望带有一定的欺骗性，有时甚至是很可怕的。军事上人们常用的“声东击西”“明修栈道暗度陈仓”等手段，都是利用显欲望和潜欲望的关系来迷惑敌人，欺骗敌人，让敌人产生误判，从而战胜敌人。

作为管理者要善于摸清被管理者的潜欲望和显欲望，并把握这两种欲望的真实所在，从而实现有效管理和有效激励。一般来说，一个人的潜欲望往往代表了这个人的真实欲望，所谓“人心莫测”，其实难以测度的就是这种潜欲望，只有摸清和把握了对方的潜欲望，才能有针对性地实现因材施教、对症下药和有的放矢的欲望管理效果。当然，这里的潜欲望与弗洛伊德的潜意识并非从同一个视角上论述的。如果按照弗洛伊德潜意识理论，潜欲望应该是一种潜伏于潜意识中的欲望形式，它具有未被自我意识到的巨大的能量，一旦爆发，便会产生重大影响。

十三、朦胧欲望与清晰欲望

按照欲望的明晰度划分，欲望还可以分为朦胧欲望和清晰欲望。

所谓朦胧欲望是指一个人对于心目中的某种欲望说不清道不明，似有还无，似无还有，欲望目标不十分明确，不十分具体，求索思路不十分清晰，这种欲望就是朦胧欲望。

比如有些人总想成就自己，总想实现自己的人生价值，让自己在社会上有体面的身份，有较好的地位和口碑，但偏偏不知道具体行动的目标在哪里，开启欲望之门的钥匙在哪里，不知道应该选择什么样的行业、职业、事业或途径发展自己和成就自己，这就是朦胧欲望的表现。

再如有人一心考大学，待到考上大学需要报志愿选专业的时候，又不知选什么更好，心中并没有明确具体的目标，这也是朦胧欲望的一种表现。

所谓清晰欲望指的是目标很明确，甚至具体怎么做也都了然于心，这种欲望就是清晰欲望。比如有些人立志当量子物理学家、超星系天文学家、小说作家或者当相声演员、当钢琴家、当建筑师，或者主修某一个特定的专业技能，寄望于在某个领域寻求发展，等等，都是清晰欲望。

社会管理者或者企业管理者要善于鼓舞人们早立志、立大志、树雄心、树决心，早一点明确自己的目标所在，早一点为之付诸努力，并力求让人们的欲望与组织的目标相一致，为组织实现管理目标贡献力量。同时，对一些虽然具有诱惑力、但却不利于组织目标的实现或者与组织目标背道而驰的欲望，则其越是处于朦胧状态，越对组织的发展有利。这种情况最好不要过早地启蒙，不要过早地挑明，不要过早地让人们为此趋之若骛，不要让人们在不利于组织健康发展的欲火中争风吃醋，要不然就很可能会乱了管理谱系和管理秩序。

旧时代所谓的愚民政策、愚民思想，就是为了让被管理者不要对某种欲望觉醒，让一些人不要与管理者的高端欲望竞短长，争风头，不要动摇管理者内部的欲望谱系。

这种有目的地压抑欲望觉醒和减缓欲望觉醒的手段，既有其积极意义，也有其消极意义。其积极意义在于管理者更便于实现轻松有效之管理，其消极意义在于压抑欲望之后导致的被管理者的真正愚昧，甚至逐渐失去对被管理者的激励作用。最好的欲望管理是疏导、引导和理性的扬弃，而不是阻遏、排斥、掩盖和灭杀。对于那些有益于组织和个人健康发展的欲望，要引导人们尽快明确起来，清晰起来；对于那些不利于组织健康发展的欲望，不一定要采取蒙昧手段和愚民政策，也应该采取疏导和引导的办法，甚至批判的办法辨明是非与善恶。

这就是说，欲望也要扬弃，弘扬正面的欲望，摒弃负面的欲望，这样才能实现更良性和更有益的欲望管理。

十四、强烈欲望与平和欲望

欲望在程度上有强烈欲望与平和欲望之分。

强烈欲望指的是积深日久、渴求已久、垂涎已久或要求迫切、急不可耐的欲望，如饥渴已久时引起的饥渴欲或便急时的便欲，都属于强烈欲望。有些强烈欲望可能会持续很长一段时间，如某些人的官欲、性欲、占有欲等，在很长一段时间里都表现得很强烈，很焦急。

平和欲望是相对于强烈欲望而言的，通常表现得不十分强烈，虽然向往却不苛求，虽然喜欢但不焦急，虽然可以满足但不至于狂喜，似乎一切都顺其自然，表现得平和适中，不急不躁。对主体来说，能够满足固然更好，未得到满足也无所谓。

对于强烈欲望的满足类似于“雪中送炭”，对于平和欲望的满足无异于“锦上添花”。

一些欲望在某种环境某种条件下可能是强烈欲望，但在另一种环境和另一种条件下可能会变成平和欲望，如强奸者大多发生在性欲旺盛的年龄段和有机可乘的环境下，年老者很少充当这样的冒失鬼。

同样的，有些欲望在有些人那里可能是强烈欲望，但在另一些人心目中却可能仅仅是平和欲望。如有的人虽有官欲，但不激切；虽有性欲，但不恣睢。一般地，强烈欲望常常会促发人们产生过激行为，平和欲望却更容易让人们接近理性、恪守规则，更容易营造和谐与安宁的人文环境和社会秩序。

管理者只有在被管理者的欲望与组织的目标相一致的情况下，才能有目的地激发人们产生某种有益和有用的强烈欲望。比如让属下产生强烈的事业心、责任心、敬业心，而对于一些与组织目标无关的或者有害的欲望，则应该尽量给欲望降温，熄火，减速，让这些不合时宜、不利发展、无益健康的欲望变得平和、适度、可控，从而让人们在生活和工作中更趋于理性，更趋于和谐，保有一颗平常之心、淡泊之心、稳静之心。

十五、高雅欲望与低俗欲望

欲望也有高低雅俗之分，这是按照欲望对于社会的意义来划分的。

欲望之于社会有的具有积极意义，有的具有消极意义。积极、健康、向上、对人对己对社会有益、符合社会伦理道德和法律规范、有利于推动社会或组织朝着文明进步的方向发展的欲望就是高雅欲望或积极欲望；消极、低级、堕落、有害、悖逆社会伦理道德和法律规范、不利于推动社会或组织朝着文明进步的方向发展的欲望即属于低俗欲望，也叫消极欲望。

高雅欲望，如爱好音乐、美术等艺术活动、热爱工作、热爱某项技术、喜欢发明创造，为建设美好未来而努力奋斗，等等，都属于高雅欲望或积极欲望；低俗欲望，如喜欢赌博、嫖娼、嗜烟、酗酒，等等，都属于低俗欲望或消极欲望。高雅欲望或积极欲望大多能够创造社会价值和个人价值，低俗欲望一般不能创造社会价值和个人价值，甚至浪费、消耗或破坏社会价值和个人价值。

作为社会管理者或企业管理者，要把握和分清被管理者欲望的积极意义或消极意义，并努力开发、激发、促发其高雅欲望，降低、平抑、阻遏甚至制止低俗欲望，从而把被管理者的欲望引导到情趣高雅、积极向上、健康文明的轨道上来。

当然，有些欲望在某些人看来是高雅的、积极的、有益的，但在另一些人心目中却可能是低俗的、消极的、有害的。比如有人把闲时打打牌、玩玩麻将视为高雅欲望，而另一些人却可能视之为低俗欲望。这就是说，高雅与低俗也在一定程度上具有一定的相对性。其鉴别标准，是在一定社会环境下看其是否具有推动社会走向文明健康的积极意义。

十六、正欲望与负欲望

根据欲望的意志倾向划分，欲望还可以分为正欲望和负欲望（这与我在论述欲望产生机制时所提出的正欲望和负欲望概念是一脉相承的）。

正欲望指的是一个人或一个组织想要的、积极乐见的东西或意志倾向。比如大多数人都想吃好的，住好的，用好的，玩好的，喜欢受到表扬，赞美，提拔，重用，尊重，这些都属于正欲望。

负欲望指的是一个人或组织不想要的、不愿经历、不愿接受、不愿承受的东西或意志倾向。比如饥饿、疼痛、瘙痒、麻木、腹胀、眩晕、性压抑等等。大多数人不愿受到批评，挖苦，嘲讽，打击，不愿经受痛苦，挫折，惩罚，侮辱，打骂，拘留，绑架等等，这些都属于负欲望。

人们大多数时候参与自然活动或社会活动都希望实现或获得正欲望的满足，但某些正欲望有时会受到来自另一方的打压、挤兑、排斥或阻遏，与其期待实现或获得满足的欲望倾向相反或相对，所得到的非但不利于欲望的满足，甚至可能会出现更大的匮欠，更大的不满足。

比如，有些人为了升官发财，采取了各种向上爬的手段，不管是因为自己的原因，还是因为竞争对手的原因，或者是因为其他原因，非但没有爬上去，反而还降职使用，或被扫地出门，甚至还遭受谗害而锒铛入狱了。此时，这个人被满足的就是一个负欲望。管理者也常常使用负欲望即与期待者相反的欲望满足形式来刺激或激励被管理者觉醒，并使其受到鞭策，促其转变方向。

十七、物效性欲望与事效性欲望

欲望从期待效果或目的企求上划分，还可以分为物效性欲望和事效性欲望。物效性欲望与事效性欲望是相对的。

物效性欲望是指主体针对特定物质资源短缺性或能量失衡性匮乏，寻求相应物质性补充或释放，以达到生理平衡之效果的欲望。比如食欲，其企求的具体目标是补充物质能量的食物；便欲的企求目标是释放体内过多的物质性残渣；呼吸欲的企求目标是吐纳物质性的空气；视欲企求的目标是物质性的色彩、形状或景色；性欲企求的目标是性对象或具有性功能的性器官等等。能够满足物效性欲望的目标一般是有形有质并有明确具体指向的物质性资源，或者无形有质且有明确具体指向的物质性能量。

事效性欲望是指主体针对特定感觉不适性或知觉不适性缺憾，寻求相应事务性处置或抚慰，以达到感觉舒适或知觉舒适之效果的欲望。

比如发生瘙痒时，为解除瘙痒的不适感，就要借助手或其他工具进行有效处置，从而收到解除瘙痒的效果和目的。解除瘙痒不是以某个物质性的东西为目标，而是以解除瘙痒这件事的效果为目标。所以，前者是物质性的，后者是事务性的。

再如发现某句话伤害了与某个人之间的感情，设法修复彼此感情就是一个事效性欲望。

我们在日常生活、学习和工作中，对某件事认为应该如何办理，对某个人认为应该如何相处，对某个道理应该如何认识，或者感悟到了某个道理之后而寻求某种改变，都属于事效性欲望。

事效性欲望可以是感性欲望，也可以是知性欲望、情性欲望、理性欲望、慧性欲望或灵性欲望。事效性欲望是一种抽象的无形的感受性或感知性方法、过程、评价或效果。

如疼痛这一“不欲之欲”要依靠事务性方式、方法、手段来予以解除和处置，这个解除和处置过程既可能要借助工具或药物，也可能要借助按摩、抚慰等手段和方法。

再如荣誉欲的目标是无形的社会性评价的良好效果，价值欲的目标是自我对他人对社会有用的可体验性的良好效果，尊严欲的目标是自我受到他人和社会尊重的可体验的良好效果。这些都属于事效性欲望。

十八、干欲望、枝欲望与树欲望

欲望从发生发展规律上划分还可以分为干欲望、枝欲望和树欲望。

干欲望是以本性欲望为根基而逐层递升的一连串欲望形式。如从各生理系统产生的本性欲望开始出发而逐层递升的感性欲望—知性欲望—情性欲望—理性欲望—慧性欲望—神性欲望—动性欲望，即为干欲望。干欲望自下而上连接在一起即为欲望干。

枝欲望是在干欲望的不同层级或环节上横生枝节而衍生的特定欲望。如在感性欲望环节产生的疼痛、瘙痒等不欲之欲，这类欲望非来自根基性的本性欲望，而是因特定原因而半路冒出来的，就像一颗树长出来的枝丫，所以叫作枝欲望。在枝欲望的特定环节上产生的欲望，也都属于枝欲望。就像一株树，一级枝丫上可能还会生出二级、三级或四级枝丫。

比如，一个人看到、听到、品尝到某些好东西而希望继续保有这种好的感觉，均为感性枝欲望，由此可产生占有这些好东西的欲望为反衍性物性欲望。知道了某个东西好，并进而想继续知道的更多，为知觉层产生的知性欲望，由此产生的占有这些好东西的物性欲望，亦为枝欲望的一种形式。

树欲望也称为欲望树，是指以本性欲望为根基、以不同生理系统产生的欲望干为主体，以不同层级或环节上产生的枝欲望为丫杈，形成了一个相对独立的欲望系统，在形态描述上如同一株树，我们称之为欲望树。这样，对于任何一个欲望主体而言，其本性欲望分别根植于八大生理系统，按照生理系统捋顺，就可以得到八株欲望树。

换句话说，就是每一个人都有八株欲望树。即感觉系统欲望树、神经系统欲望树、信息系统欲望树、呼吸系统欲望树、消化系统欲望树、泌尿系统欲望树、生殖系统欲望树和运动系统欲望树。而如果以一个人整个生理机能为根基和主干，则八大欲望系统可以被描述为八个分枝，这样，每个人便都可以被看作是一株独特的欲望树了。

试想，一株欲望树，如果单有一枝独秀，即便花叶繁茂，也仅仅是荣衰两重天。只有满树花繁叶茂，群芳灿烂，才能令人感到心旷神怡，美不胜收。

十九、主欲望与从欲望

人的欲望有很多，广阔无边，常被形容为“欲海”，食欲、性欲、爱美欲、官欲、物欲、尊严欲、安全欲、表现欲等等，如此之多的欲望流，很难一时间都能获得足够可意的满足。其中有的急切，有的柔缓，有的强烈，有的温和，有的主要，有的次要，甚至有的欲望实现了之后对其他欲望的实现起到积极的促进作用，有的则相反，起到的是负面的掣肘、龃龉或干扰作用。

主欲望是对其他众多欲望起到主导性、支撑性和关键性作用的高端欲望，即对其他欲望的发生或实现具有顶梁柱作用、引领作用、带动作用、吸附作用、辐射作用、拉升作用。比如一个人一举成名天下闻，藉此可能会获得众多的选票和提拔重用，名利双收之后，更有众多美女相随，其尊严欲、官欲、性欲、物欲等等一切都如影随形而来，产生了“社会通吃”的效应。这就是主欲望所起的作用。

从欲望指的是在主欲望之下起到依附性、随从性作用的低端欲望，从欲望在主欲望的垂照下发生、存在和发展。在主欲望的光环辐射下，其他欲望大都可以活跃生动起来，产生了联发联动的欲望群芳竞放效应，就像春风一吹，催得百花盛开一样。

主欲望和从欲望构成了一把巨大的欲望伞，主欲望如同粗壮的伞柄，从欲望如同细长的伞骨，伞骨围绕着伞柄，插在地上可以撑开一片遮阳避雨的浑圆的世界。如果没有主欲望的支撑，这个浑圆的欲望世界便失去了风采。

哪一种欲望被确认为自己的主欲望才对自己更有利呢？在不同的人

心目中，主欲望与从欲望也是大不相同的。有的人被漂亮的白马王子或白雪公主迷了心窍，以至把美满的姻缘当成了主欲望，最后即便成功地满足了这个欲望，也未必带来其他欲望的联动性群芳竞放效应，而一旦不成功，还会带来长久的情感抑郁。这说明，这个欲望不应该被当作主欲望。然而，倘若此人找到了一位家庭背景特别深厚的异性结缘了，比如岳丈是一位高官，地位高卓，资财丰厚，作为乘龙快婿可能藉此升了官，发了财，人生中的很多欲望也都得到了满足。此等情况下，寄望于这段美满姻缘的欲望也就可以被追认为主欲望，而其他被满足的官欲、财欲、价值欲、尊严欲等等便都成了这个主欲望的从欲望。

所以，人们在选择欲望目标的时候，最好选择高端的主欲望，而不要死盯着低档的欲望纠结不放，前者可以事半功倍，后者常常事倍功半。有人一生中没有选择到一个可以成就自己和支撑自己的主欲望，或者选择了却没有实现这个主欲望，而只为一些简单的衣食住行等这些低档的欲望形式疲于奔命，以至一事无成，半生潦倒。

一般而言，处于高端的主欲望，也是被社会主流认可和尊崇的目标，是对社会有卓越贡献的欲望方向，因此，社会常常以足可“通吃”的方式做出报偿，也是符合情理之事。

主欲望一般是欲望主体重视程度最高、对自己的人生命运前途和心理感受影响最大、最长久、追求最为迫切、最为执着、最为虔诚、不可亵渎的欲望，是一个人内心深藏的至高无上的欲望指向。当然，对同一个欲望方向，不同的人可能会有不同的认识角度，有的人一生为尊严而战，宁死不屈，宁为玉碎，不为瓦全，把尊严欲看得比生存欲还重要；有的人一生把金钱看得最重要，一切向钱看，绝大部分时间都在为了赚钱而谋划，为了挣钱而行动；有的人一生把权力看得至关重要，一切向权看，为了获得权力不惜做伤天害理的事情，其绝大部分时间都在谋权、运权、行权；有的人一生都在追求艺术，为了艺术卜昼卜夜，不辞辛苦，远走他乡，学不成名誓不还。

这就是说，不同的人可能有不同的主欲望。一般而言，人们从长远目标上最在乎哪种欲望、最看重哪种欲望，就会把这种欲望当作主欲望倾注一生去追求、全身心地去投入。

从欲望一般是指主欲望之外的、不属于倾注一生或倾注全部精力投入的低层次欲望。从欲望与主欲望是相对而言的。有的人心目中的主欲望在另外一些人的心目中可能大不以为然，可能是次要的欲望甚至根本不设定为其欲望；有的人心目中的从欲望在另外一些人的心目中也可能是主欲望或者根本不属于他的欲望所系。

比如，有的人创作欲特别强烈，倾其半生甚至一生搞创作，执着无悔，孜孜以求，这个欲望演变成了这个人的主欲望。但这个主欲望对另一些不爱好创作的人来说，根本无所谓，根本不是其欲望所向。

我们通常所说，对某些人投其所好，其喜欢什么，爱好什么，欲望指向在哪里，就给他什么，正所谓“罗卜白菜各有所爱”，欲望亦然。作为管理者，要认清被管理者的主欲望所在和从欲望所在，并摆正其关系，进而实现有效管理。当然，如果能在一定程度上设法承诺和设法满足被管理者的主欲望，就会产生最佳激励效果。

二十、善良欲望与罪恶欲望

欲望按照其道德标准划分，还可以分为善良欲望与罪恶欲望。前者简称善欲，后者简称恶欲。这是从社会的功利性角度出发的划分原则。

对人有好处、对社会有好处、被当时社会普遍推崇并具有积极意义的欲望，即是善欲。包括同情心、怜恤心、爱心、成人之美之心、解人之危之心、助人为乐之心，等等，皆为善欲。

恶欲主要指的是对他人、对社会具有损害作用、破坏作用或造成不良影响和导致不良后果的欲望，比如报复欲、杀人欲、嫉妒欲、幸灾乐祸欲、欺辱欲、掠夺欲等等。

站在社会或他者的角度上看，个体或组织集团的欲望倾向是好的，行为动机是好的，施加手段是好的，这样的欲望才能善欲；恶欲主要体现在针对他人或针对社会的欲望倾向是坏的，行为动机是坏的，施加手段是坏的。

欲望的善恶评判标准是以对社会、对他人有害或有益的原则做出的。所谓“己所不欲，勿施于人”即是这一标准的生动体现，“勿以善小而不为，勿以恶小而为之”即是对这一标准的精彩评述。至于对自己好坏似乎不在这个评判标准的界定范围之内。比如一个人自残或自杀算是善欲呢？还是恶欲？当年诗人海子在他的遗书中写道：“我的死与任何人无关。”那么海子的自杀欲究竟是善欲还是恶欲？我认为依然可以归为恶欲范畴，因为他以如此之方式选择死亡，给他的亲人朋友带来了痛苦，并且给社会上选择死亡的方式造成了不好的垂范，因而也是恶欲的一种特殊表现形式。

但是如果一个人因为常年卧床不起而给儿女带来难以承受的麻烦和压力，为尽快结束给儿女造成的麻烦和压力而选择了自杀，这样的自杀想法或欲望是善欲还是恶欲呢？从欲望主体的出发点上看，这是善欲，但从给儿女带来的另外的痛苦感、愧疚感和罪过感来说则是恶欲，如果再从社会不认同和不倡导以自杀的方式解决麻烦和苦恼这一原则标准上来看，则也同样属于恶欲。

所以，善欲和恶欲是相对而言的，没有绝对的善恶，也没有绝对的统一的标准。某一个时期某一个环境下的某一欲望被认为是善的，在另一个时期另一个环境下可能又会被认为是恶的。比如一个国家或一个民族在较长一段历史时期出现了女多男少的现状，此期为了提高人口数量、也为了民族的快速发展，社会鼓励男人多娶妻，力求让每一个女人都获得配偶，都能够满足性欲的需求，达到繁衍的目的。在这种环境下，人们可能认为多娶妻是善欲，而拒绝娶妻或坚持一夫一妻的人便是恶欲。但在一夫一妻制国家中，或男女比例相近的时期，则一个男人娶了多位妻子，则不论对于社会或对于妻子都是不公平的，因而属于恶欲。

这说明善欲与恶欲的标准是可以变化的，关键是社会的认同标准设定在哪里，善欲与恶欲的分野也便出现在哪里。

当然，有些欲望是不分善恶的，也就谈不上善欲或恶欲。比如为满足基本生理需求并且对其他人不构成妨碍的食欲、性欲，为实现居有定所而谋求搭建坚固房屋的安全欲和温暖欲，只要对别人对社会既不构成伤害、妨害和威胁，也带不来明显的益处和赞赏，都是无关善恶的。只有与社会道德、伦理有关的欲望才有善恶之分，同是为了满足食欲，以偷盗抢劫贪污受贿而实现的食欲满足，便是恶欲，以个人诚实劳动而获得的食欲满足则是善欲或无关善恶；同样是为了满足性欲，以欺男霸女或以出卖公权进行利诱而获得的性欲满足便是恶欲，以正常的婚姻嫁娶形式而获得的性欲满足便是善欲。这就是说，善欲和恶欲除了对所针对或所涉及的对象有益或有害之外，还要从欲望的实现方式或满足形式上来区分。

一种欲望的产生和存在，总是处于一种自在状态，其本身是无关善恶的，比如食欲或性欲的存在，本身无关于善恶，但在寻求满足过程中采取的手段、方法或形式，却出现了善恶的分野。不择手段满足欲望、采取损害他人、损害公平正义、损害社会标准、规则和秩序的方式方法而实现满足的欲望，便是恶欲了，其中贪欲便是最常见的一种恶欲。中国有"有欲则动，无欲则刚"的说法，前一个"欲"泛指人类所有的欲望，后一个"欲"主要指的是贪欲或恶欲。我们在此还可以说"有欲则强"，这个"欲"则主要指善欲，借以说明人类不能没有欲望，没有欲望便没有追求，便没有行动，便没有积极进取的动力，便没有努力上进的决心、恒心和毅力，因而也不会产生任何成就，社会文明就会停滞不前，原地踏步。

所以，欲望动力心理学提倡人类的善欲越多越好，越高远越好，越强烈越好，我们应该努力激发人们产生更多更好的欲望，追逐更多更好的目标。欲望越多的人，思考越多，因而思维越活跃，智慧越敏锐，素质越高，能力越强，成就越大。相反则智慧越低，素质越差，能力越弱，成就越小，以致一事无成，终生潦倒。这就是欲望力驱动下所造成的人的质量的差别和人生境况的分野。同样，欲望越多的社会，创新越多，发明越多，发展越快，进步越快，这也是一个社会文明程度和发展速度不同的根本原因所在。

举凡那些发达的国度，其文化、政策大都是鼓励欲望的自由发生和发展，而绝不设定逆人权、灭人欲的条条框框，绝不限定思想自由，让人们欲望的百花园万紫千红，色彩斑斓。正是这样的文化和政策创造了一个国家和民族的高度文明和快速发展。

对欲望的恐惧和担忧是缺乏自信和无能的表现。禁欲主义者把社会上发生的一切不好的事件或现象都归结为欲望的诱惑，认为欲为万恶之源，却忽略了欲望在推动人类历史进步和社会文明发展中的积极力量，以致把一切欲望都当做罪恶欲望来对待。在中国，凡是采取愚民政策或禁欲的时代，凡是采取限定思想文化自由的时代，社会都是停滞不前的。只有让欲望之门彻底洞开，让欲望的潮水汹涌澎湃，让善欲受到鼓舞，得到保护，让恶欲遭到唾弃，受到严惩，社会文明之花才能灿然开放，人类文明之果才能挂满枝头。

社会发展，欲望先行，欲望在社会的发展过程中必然带有超前性，而社会的发展对于欲望来说必然具有滞后性，但是如果没有欲望作先导，没有欲望做先行者，社会的进步和腾飞便没有方向，没有能量，没有动力。而社会管理者应该做的不是对欲望的盲目禁止，而是对欲望的积极引导和合理规范。

所以，研究欲望动力心理学不仅对个人大有好处，对一个社会、一个国家的发展也是有百益而无一害。为此，有志之士可以根据欲望动力心理学原理进一步研究欲望社会学、欲望管理学、欲望行为学、欲望经济学、欲望政治学，从而让欲望真正成为推动历史发展和社会文明进步的积极力量。

二十一、合理欲望与不合理欲望

人类欲望既大于社会道德，也大于国家法律。可以说，满足欲望乃是天理，道德和法律乃是人理。人生活在自然中，遵循的是天理，天理者，即是自然科学规律，人要按照天理行事；人生活在社会上，遵循的是人理，人理者，即是社会科学规律，人要按照人理行事。

人理的两大制衡杠杆即是道德和法律。道德之理称之为伦理，法律之理称之为法理。前者是人类社会的早期产物，后者是在人类社会发展到一定阶段的后期产物。伦理与法理合而为一，统统以道理名之。伦理和法理受当时社会环境的制约和影响，彼时代或彼社会的伦理和法理放到此时代或此社会可能不一定皆正确，皆适用，这与其政治因素、文化因素、宗教因素、经济发展因素和社会环境因素有着直接或间接的制约关系。但随着人类社会发展的整体文明程度的推进和提高，伦理和法理也都在不断的发展和变化。人们对社会文明程度的评价即是由这两大制衡杠杆决定的。

伊壁鸠鲁说："有些欲望是自然的和必要的，有些欲望是自然的而不必要的，又有些是既非自然而又非必要的。"伊壁鸣鲁的理论实际上是告诉我们要分清合理欲望与不合理欲望的界限，一个人如果恣意纵容自己的欲望必然会迷失本性、破坏天理和人理而最终导致堕落。

对于某个具体的人来说，有些欲望是应该而且必须得到满足，有些欲望则是可以满足也可以不予满足；有些欲望只能部分地满足，有些欲望则只能是有条件地满足；有些欲望只靠自己即可满足，有些欲望则必须依靠自然界、依靠他人、依靠社会、依靠国家才能满足；有些欲望则根本无法满足、无必满足、不能满足、不可满足；有些欲望可能已经满足，有些欲望则尚待满足；有些欲望渐涨渐升，有些欲望渐落渐衰；有些欲望尚待萌发，有些欲望期待已久；有些欲望由内因驱动而起，有些欲望由外因诱惑而发。

人类社会就是一个充满欲望的社会，各种欲望不断滋生、不断发展、不断衰亡、不断寻找平衡与满足。社会管理者正是为了创造欲望的平衡机制和平衡规则，才为欲望划分了合理和不合理的界线。认识到社会平衡机制和平衡规则并努力恪守这种平衡关系的欲望，就是合理的欲望，否则，就是不合理的欲望。

1. 合理欲望

合理的欲望指的是符合自身生理需求和精神需求、符合自然与社会发展规律、符合自我智能条件和认识发展水平的各类欲望。这种欲望既基于现实，又高于现实。只有基于现实，才有利于欲望的变现；只有高于现实，才有利于让欲望产生对自我发展和社会发展的推动、拉动和提升作用。

合理欲望必须符合自然法则、社会规则、文化习俗、道德法律。这说明，合理欲望是有边界的，这个边界就是不能超越自然之理、社会之理和文化之理，既有利于自我，也无害于自然，无害于他人，无害于社会。而且，还能够从不同的角度、不同的路径，对人类文明和社会发展起到积极的推升和拉动的作用。

严格地说，人类的每一种欲望都有合理与不合理之分。下面我们就列示一些最基本的合理欲望：

（1）合理生存欲：为维持个体生命延续而产生的最起码的保障生存的欲望。该欲望具有以下目标或具体外在表现：

①获得饮用水的欲望

②获得食物的欲望

③获得居所的欲望

④获得阳光的欲望

……

（2）合理生理欲：缘于个体自我生理机能和种族延续的需要而产生的欲望。这一欲望形式与合理生存欲存在着较大的交集与重叠，有时可以被当做同义语来使用。该欲望具有以下目标追求或具体外在表现：

①舒适欲

②呼吸欲

③食欲

④饮欲

⑤便欲

⑥活动欲

⑦休息欲

⑧睡眠欲

⑨性欲

⑩生殖欲

⑪养育欲

……

（3）合理安全欲：获得自我保全和免受威胁攻击的欲望。该欲望具有以下目标追求或具体外在表现：

①人身安全欲

②健康保障欲

③资源保障欲

④财产保障欲

⑤道德保障欲

⑥法律保障欲

⑦归属保障欲

⑧工作保障欲

⑨生活来源保障欲

⑩家庭保障欲

⑪躲避风险欲

⑫寻求庇护欲

……

（4）合理占有欲：为获得足够的物质财富和精神财富以保障个人生存需要、生理需要、安全需要和其他体面立世的精神需要而不断索取和力图占为己有的欲望。这是由生存欲、生理欲、安全欲发展而来的基本欲望，所以其欲望目标也理所当然地具有一定的交合或重叠。该欲望具有以下目标追求或具体外在表现：

①物质占有欲：食物、水源、阳光、住房、衣物、工具、金钱、财富……

②精神占有欲：名誉、口碑、地位、权利、身份、感情、道理、信念……

（5）合理求知欲：认识和辨别善恶、利害、对错、好坏、优劣、多少、难易、美丑、真伪等事物关系及其特征的欲望。此欲望既包括对自我及自我所处的自然环境关系、社会环境关系的求知欲，也包括对宇宙中一切事物所存在的规律的求知欲。正是通过求知过程才使自我逐渐形成了符合自然环境和社会环境的世界观和方法论，也正是通过求知过程才使人逐渐变得格物、知己、识人、明事、通情、达理，既会做人也会做事。该欲望具有以下目标追求或具体外在表现：

①好奇心

②观察欲

③倾听欲

④探索欲

⑤求学欲

⑥读书欲

⑦拜师欲

⑧询问欲

⑨思考欲

⑩交流欲

⑪反省欲

⑫论辩欲

⑬著述欲

⑭创作欲

……

（6）合理归属欲：确认自我存在性和依附性的欲望。包括自我的时空存在性、人际存在性、思想存在性、文化存在性、道德存在性、习俗存在性、观念存在性、学派存在性、信仰存在性的欲望，藉此解决和确立我是谁、属于谁、爱谁和被谁爱等关于自我在天、地、人、心四大元素所构建的宇宙坐标或社会坐标中的位置和归属。该欲望具有以下目标追求或具体外在表现：

①亲情欲

②友情欲

③爱情欲

④天伦欲

⑤宗教欲

⑥地缘欲

⑦人缘欲

⑧恋旧欲

⑨互助欲

⑩认同欲

⑪感恩欲

⑫平等欲

⑬同情心

……

（7）合理自尊欲：为保障自我人格的合法性、合理性、正当性、体面性而产生的欲望。该欲望具有以下目标追求和具体外在表现：

①被他人尊重欲

②对他人尊重欲

③自我重视欲

④绅士欲

⑤君子欲

⑥正派欲

⑦体面欲

⑧自信欲

……

（8）合理价值欲：为实现自我价值、确立自我地位、提升自我名分、获得社会声誉而产生的欲望。该欲望具有以下目标追求或具体外在表现：

①创造欲

②表现欲

③成就欲

④攀比欲

⑤自我能力提升欲

⑥自我目标实现欲

……

（9）合理控制欲：为了有效支配自我及与自然和社会上的一切事物而产生的欲望。这是人类个体自我追求的最高级欲望。如权力欲、地位欲、支配欲、使役欲、驾驭欲、征服欲等等。

该欲望具有以下目标追求和具体外在表现：

①自由欲

②支配欲

③权力欲

④协调欲

⑤地位欲

⑥征伐欲

⑦官欲

……

2. 不合理欲望

不合理欲望指的是超越和违背自然法则、社会规则、普世价值准则和行为准则的欲望。理是一种标准和界限，这个标准和界限指的是自然规律、社会规则，包括科学原理和社会伦理、公理、道理、情理、事理、法理以及自我能力极限。人类一旦不按照这些标准行事，不接受这些规则或规矩的限制，就会使自然环境、社会秩序和自我正常的存在性遭遇破坏。所以，凡是超越和违背这些标准和界限的欲望都属于不合理欲望。不合理欲望是合理欲望的反面，或者是合理欲望无限膨胀后的极端产物。当然，不合理欲望还包括一些超越自身能力和超越现实条件而产生的欲望。

不合理欲望在属类上与合理欲望基本一致，几乎每一种合理欲望都有其反面，都有可能以不合理的形式展现出来。

（1）不合理生存欲：为了实现或者满足生存欲而侵犯、侵害、破坏甚至剥夺其他人的生存条件，如抢夺欲、偷盗欲、不劳而获欲、坐享其成欲，或因悲观失落和对生存缺乏信心而产生的消极心理。如自杀欲、自虐欲、自残欲。此种欲望虽对社会危害小，但对自己危害大。

（2）不合理生理欲：因突破自我生理机能的合理阈限而采取超强度或非被社会认可方式寻求满足的欲望。如暴食欲、暴饮欲、醉酒欲、懒惰欲、自淫欲、强奸欲等，此等欲望一旦付诸行动，对社会、对自己都有很大的危害性。

（3）不合理安全欲：因担忧自身或家庭财产的安全问题而产生过度性反应的超常欲望。如仇杀欲、过当防卫欲、攻击欲等。

（4）不合理占有欲：以损害他人、损害社会和损害国家为条件，不择手段地获取、索取、占取额外物质利益或精神利益的贪婪性欲望。如贪污欲、受贿欲、索贿欲、偷盗欲、抢劫欲、掠夺欲、征服欲、挤占职位欲、冒名顶替欲、鹊巢鸠占欲、敲诈勒索欲等。此等欲望一旦付诸行动，对自己、对社会、对国家都会产生较大的危害性。

（5）不合理求知欲：以违背自然规律和破坏社会规则秩序、伦理习俗为条件的非理性求知欲望。如炼丹欲、求仙欲、谋虚逐妄欲或违反安全操作规程的实验欲以及其他诸如窥私欲、偷艺欲、窃技欲、非法探测欲、非法解剖欲、非法采集样本欲等。

（6）不合理归属欲：为了认知和强化个人归属的目的而产生的过激欲望。如排外欲、排挤欲、裙带欲、圈子欲、敌视欲、打击欲等。“二战”时期希特勒大肆屠杀异族犹太人，但据研究者称，希特勒竟然也具有犹太人的血统，简直是历史跟他开了个玩笑。说明希特勒认知的归属欲是不合理的。

（7）不合理自尊欲：为维护自身尊严和保全自家面子而产生的极端欲望。如斥责欲、狡辩欲、辱骂欲、争风欲、逞强欲、高傲欲、装大欲、自卑欲、自残欲、自贱欲。此等欲望是一种由于自信心不足而进行的自我拔高的畸形心理在作怪，天下之大，唯我独尊；孤芳自赏，妄自尊大；傲视群伦，目中无人。此等人一旦大权在握，就会自以为是，蔑视群言，独断专行。

（8）不合理价值欲：为了实现自身价值和成就自我，以损害他人、社会、国家利益为条件而产生的变态欲望。如抄袭剽窃欲、沽名钓誉欲、强词夺理欲、阴谋篡权欲、嫉妒欲、营私舞弊欲、非法经营欲、欺行霸市欲等等。此等欲望一旦付诸行动，对自己、对社会、对国家都会产生特别大的危害性，甚至会把窃取的国家和社会资源当成个人价值的体现。

（9）不合理控制欲：为了支配外在事物而产生的极权欲望。如奴役欲、等级欲、征服欲、征伐欲、压迫欲、剥削欲、强权欲、独裁欲等。此等欲望一旦付诸行动，对自己、对社会、对国家都会产生极大的危害性，甚至会使社会出现倒退，使国家走向衰亡，使自己陷于被推翻、被制裁的危险境地。

各种欲望的所谓合理与不合理都是相对的。一方面，合理的欲望与不合理的欲望仅仅相对于自身条件和当时当世的自然环境、社会环境、经济环境、文化环境或政治环境而言的。科学发展了，社会发展了，进步了，变化了，所谓的“理”也会有新的界定和规范。另一方面，合理与不合理都是在化为实际行为之后才能表现出来，心里面的不合理只要没有化为具体的行为，针对于社会道德和国家法律而言也是合理的，只要自己心里有杆秤，就能使自己的欲望不越雷池，并主动接受理性的检验和制约。

不过，不管是哪种欲望，只要有了求知欲——即认识到社会道德和国家法律的坐标基准，就可以凭借理性而不断进行有目的的自我调控、自我节制和自我检点，从而使自己的心理和行为尽量适应当时的自然环境和社会环境，符合当时的社会规范和法律制衡。社会上的每一个人都应该坚持以合理欲望成就自己和发展自己，这是社会稳定的需要，也是国家安全的需要，更是人类文明发展与进步的需要。因此，让人们合理地规范自己的欲望并规范自己的行为，对管理自我、管理社会，管理国家、甚至管理一个组织、一个企业、一个团体，都是一个不可造次和不可亵玩的准则。

一个人拥有太多不合理的欲望，就会使自己与这个社会格格不入，处处受到社会各种力量的冲击、挤压与合围，导致心理畸形和变态，不得不进一步沉迷于不合理的幻想中。鉴于人类认识与欲望之间的特殊互联互动关系，以致将某种认识当成了纯粹的欲望本身，从而导致欲望迷失，导致思维或认识失去了具体的发动方向。欲望就是个体自我人生地图上的导航仪，人生的自驾车走对走错，全在欲望所指引的方向上。一些患有癔病或精神疾病的人，常常不清楚自己的欲望是什么，其意识活动和心理活动彻底失去了正确的欲望引领和导航，从而使自我不能有效地面对现实世界，不能有效地采取与自我生存和发展相适应的行动。

对于欲望的分类，不同的人以其不同的经历和见识，以其不同的观察视角和研究视角，会提出不同的分类标准和分类方法。甚至远不止于以上所罗列这些，还包括诸如：组织欲望与个人欲望；政治欲望、经济欲望、文化欲望；眼前欲望与长远欲望，等等。除此，我们还可以罗列一些耳熟能详的欲望，其中大部分都是对人的生理欲望借用不同的词语进行阐释的，如嗜欲、肉欲、爱美欲、安逸欲、奢侈欲、摆阔欲、求欢欲、美食欲、美色欲、美味欲等等。还有人围绕着人类感官而将某些欲望当作人生福分来描述：

眼福欣赏奇光异景；

口福品尝美味佳肴；

耳福聆听仙乐妙音；

鼻福乐闻清芬香味；

肤福触觉软物滑质；

身福穿戴华服宝饰；

艳福怀拥美色求欢；

居福享用豪宅别墅；

行福自驾名车代步。

以上这些分类方法虽然显得笼统而且标准不一，其中有很多地方存在着交叠或重合，缺少严谨的科学性，但在现实生活中，在阐述某些社会问题时却也具有一定的实用性和有效性。

后　记

当我创作完成《欲望动力心理学书系：欲望的世界》这一百多万字的书稿之后，疲倦地打上最后一个句号时，心情倏然感受到了一种莫大的轻松和解脱。好像从此以后，我终于从欲望的世界里逃离出来，再也不必为人的欲望问题而焦灼和纠结了。

要知道，我在整个前半生的五十多个年头里，差不多每一天都被各种各样的欲望包围着，蛊惑着，困扰着，差不多每一天都有自己的欲望与别人的欲望交叠在一起，纠缠在一起，振荡在一起，搅得我心乱如麻，躁动不安，压得我常常喘不过气来，笑不出声来。这也许是我决定把欲望这根硬骨头啃烂嚼碎的原因。现在是啃完了，嚼完了，似乎也到了该向欲望告别的时候了。

想到本书系的写作过程，与其说是一种创作，不如说是一场修炼。但真正修炼到彻底告别欲望的程度，目前似乎还真是做不到。因为我们都活在欲望的世界里，在欲望的世界里兀兀穷年，疲于奔命。欲望是伴随人生之始终的魔咒，你不从这个世界上灭失，它就一直缠着你不放。不论你，不论他，不论我，任谁都不能幸免。

不过，我想大概也不必如此悲观。我们正是因为每天都活在欲望的世界里，每天都受到欲望的驱策，才使得我们活得有声有色、有滋有味、有情有义，才使得我们不断参与社会的合作与竞争，才使得我们不断追求人生的幸福和满足，才使得我们不断寻求和感受人生的意义之所在。

关于人类欲望问题，几乎每一位哲学家和心理学家都或多或少地做过程度不同、角度不同和观点不同的讨论。但到目前为止，基于我个人的阅历所限，还没有看到任何一部长篇大论和穷原竟委的专著。本书系的写作经历了八年的时间，我为此也付出了不少精力和代价，如能引起相关领域的专家和学者给予热心关注、支持、赞导和批评，我将足以欣慰并感戴不尽。

这里还需要特别说明的是，为了阐述问题起见，我还在本书系中绘制了上百幅图片，试图对一些抽象、玄奥、高深的欲望问题做出形象化和视觉化的解读，其效果如何相信读者诸君会看得明白。其中也有个别几幅引自于网上现成的图片，这几幅图片连同内文中引用和借鉴的一些专家或学者的优秀理论观点，对于我阐述欲望问题起到了很好的启发作用和支撑作用，由于无法与作者取得联系，我对此深感不安，并致歉意。如日后有机会取得联系，我将合理支付报酬，表达我对他人劳动成果的理性尊重。

另外，鉴于近年来国内学术环境和图书市场出现的一些乱象，让我产生了一些令人尴尬的联想。所以我不得不在此做出一个简短声明：本书系为原创作品，凡引用本书系观点，敬请注明出处！本书系作者愿意看到正当的学术讨论、引用或翻译。凡未合理注明出处的，或对本书系内容进行改写并将本书系观点当作自己的观点进行发表的，将视为抄袭或篡改。一经发现，将追究其法律责任。

本书系虽为学术专著，但考虑到内中所阐述的欲望事件与每个人的一生都息息相关，所以，在写作手法上，我尽量避免使用高深的专业术语，力求把问题阐述得简单浅近，通俗易懂。所以，本书系既适合有志于从事心理学领域研究工作的同仁作学术讨论之用，也适合那些拥有普通学历的心理学工作者、心理咨询师、教师、大学生、一般爱好者或为自我心理问题长期受到困扰的人士阅读，但愿每个人都能从中受益。

作　者

2017 年 4 月于北京

张振学

1962年生，辽宁人
做过教师，记者，编辑
出版过多部社会科学类著作
作品多次荣登全国畅销书排行榜
后常年从事欲望心理学研究工作
创建了欲望动力心理学
欲望层次心理学
欲望场心理学
质能结构主义心理学
以及现代量子心理学理论
首开上述理论领域研究之先河

扫描下面微信二维码可直接与作者取得联系